Приоритеты мировой науки: эксперимент и научная дискуссия

Материалы II международной научной конференции

Санкт-Петербург
24-25 декабря 2013 года

The priorities of the world science: experiments and scientific debate

Proceedings of the II International scientific conference

Saint Petersburg
24-25 December 2013

CreateSpace
North Charleston, SC, USA
2014

«Приоритеты мировой науки: эксперимент и научная дискуссия»: Материалы II международной научной конференции 24-25 декабря, г. Санкт-Петербург. – North Charleston, SC, USA: CreateSpace, 2014. - 129 с.

«The priorities of the world science: experiments and scientific debate»: Proceedings of the II International scientific conference 24-25 December 2013, Saint Petersburg. – North Charleston, SC, USA: CreateSpace, 2014. – 129 p.

В материалах конференции обсуждаются проблемы различных областей современной науки: информационных технологий и биологии, технических наук, истории, филологии, педагогики и философии, экономических и юридических наук, культурологии. Сборник представляет интерес для учёных различных исследовательских направлений, преподавателей, студентов и аспирантов – всех, кто интересуется развитием современной науки. Все статьи представлены в авторской редакции.

The materials of the conference have presented the results of the latest research in various fields of science: information technology and engineering, biological and historical sciences, philology, educational sciences, philosophy, economics and jurisprudence, cultural studies. The collection is of interest to researchers, graduate students, doctoral candidates, teachers, students - for anyone interested in the latest trends of the world of science.
All articles are presented in the author's edition.

ISBN-13: 978-1494433840
ISBN-10: 1494433842

Авторы научных статей, 2013
Научно-издательский центр «Открытие», 2013
Authors, 2013
Scientific Publishing Center «Discovery», 2013

СОДЕРЖАНИЕ
CONTENT

SECTION 1.
Information Technology (Информационные технологии)

Р. А. Гриненко
РАЗВИТИЕ ОБРАЗОВАТЕЛЬНЫХ ТЕХНОЛОГИЙ
В ИНФОРМАЦИОННОМ ОБЩЕСТВЕ………………………………7

В. В. Никитин
О НЕОБХОДИМОСТИ УЧЕТА ИЗМЕНЕНИЙ
ПСИХОЭМОЦИОНАЛЬНОГО СОСТОЯНИЯ ЧЕЛОВЕКА
В СИСТЕМАХ БИОМЕТРИЧЕСКОЙ ИДЕНТИФИКАЦИИ……...11

SECTION 2.
Biological sciences (Биологические науки)

Д. М. Малюхин, Л. Г. Бакина
ОСОБЕННОСТИ ПРИМЕНЕНИЯ КОФЕЙНОГО ЖМЫХА,
КОМПОСТА ИЗ ТВЕРДЫХ БЫТОВЫХ ОТХОДОВ И ОСАДКА
СТОЧНЫХ ВОД ДЛЯ РЕКУЛЬТИВАЦИИ ПОЛИГОНОВ ТБО….15

SECTION 3.
Engineering (Технические науки)

С. К. Кожахметов
ПЕРСПЕКТИВНЫЕ НАПРАВЛЕНИЯ РАЗВИТИЯ СИСТЕМ
ТЫЛОВОГО И ТЕХНИЧЕСКОГО ОБЕСПЕЧЕНИЯ
ВООРУЖЕННЫХ СИЛ РЕСПУБЛИКИ КАЗАХСТАН…….……...16

Е. Г. Рылякин
ИЗНОСНЫЕ ИСПЫТАНИЯ РЕСУРСООПРЕДЕЛЯЮЩИХ
СОПРЯЖЕНИЙ ГИДРОНАСОСОВ……………….…..………...….22

SECTION 4.
Historical Sciences (Исторические науки)

В. Н. Шайдуров, О. А. Колясов, К. Федорова
МЕННОНИТЫ СИБИРИ И ВОЕННАЯ СЛУЖБА
В ГОДЫ ПЕРВОЙ МИРОВОЙ ВОЙНЫ................................30

SECTION 5.
Economics (Экономические науки)

В. А. Астахова, И. В. Солодкий
АНАЛИЗ СОВРЕМЕННОЙ ДЕМОГРАФИЧЕСКОЙ
СИТУАЦИИ В РОССИИ..34

R. M. Kramarenko
PARADIGM OF THE MODERN WORLDCREATIVE
CITYDEVELOPMENT..42

Д. В. Крылов
ЗНАЧЕНИЕ СИСТЕМЫ УПРАВЛЕНИЯ КАЧЕСТВОМ
ДЛЯ ПРЕДПРИЯТИЯ НА ПРИМЕРЕ TQM..........................47

Т. И. Максимова
ЗАРУБЕЖНЫЙ ОПЫТ КЛАСТЕРНОЙ
ОРГАНИЗАЦИИ ПРОИЗВОДСТВА..................................50

Е. В. Мелентьева
УПРАВЛЕНИЕ ЧЕЛОВЕЧЕСКИМИ РЕСУРСАМИ КАК
ВАЖНЕЙШИЙ ФАКТОР РАЗВИТИЯ ПРЕДПРИЯТИЯ..............54

А. Б. Плисова
БУХГАЛТЕРСКИЙ УЧЕТ ЛИЗИНГОВЫХ ОПЕРАЦИЙ:
НАПРАВЛЕНИЯ СОВЕРШЕНСТВОВАНИЯ..........................57

Т. Б. Саматова
МЕТОДИЧЕСКИЕ АСПЕКТЫ ОЦЕНКИ РЕЗУЛЬТАТИВНОСТИ
УПРАВЛЕНИЯ ЧЕЛОВЕЧЕСКИМ КАПИТАЛОМ
ОРГАНИЗАЦИИ..63

А. А. Токарева
ОСНОВНЫЕ НАПРАВЛЕНИЯ ФОРМИРОВАНИЯ
«ЗЕЛЕНОЙ» ЭНЕРГЕТИКИ В РФ..68

Д. М. Чубарова, В. С. Сульженко
СУЩНОСТЬ ФИНАНСОВО-БЮДЖЕТНОЙ УСТОЙЧИВОСТИ
ГОСУДАРСТВА: ТЕОРЕТИЧЕСКИЙ АСПЕКТ............................73

SECTION 6.
Philosophy of Science (Философские науки)

О. С. Суворова
НЕВЕРБАЛЬНОЕ ОБЩЕНИЕ:
ФИЛОСОФСКО-АНТРОПОЛОГИЧЕСКИЙ ПОДХОД...............76

SECTION 7.
Philology (Филологические науки)

Р. А. Кулашкина, О. В. Баракова
МЕЖЕВЫЕ КНИГИ В ИСТОРИИ РУССКОГО ЯЗЫКА:
ФОРМУЛЯРНЫЕ РЕПРЕЗЕНТАНТЫ....................................79

О. А. Пособчук
СЕМАНТИЧЕСКАЯ ЗАМЕНА КАК СПОСОБ НОМИНАЦИИ.......82

В. И. Соловьева
ПОСТУПОК КАК СПОСОБ РАСКРЫТИЯ
ХАРАКТЕРА ГЕРОЯ В ЦИКЛЕ РАССКАЗОВ
В. С. МАСЛОВА «КРУТАЯ ДРЕСВА»..87

М. И. Шкредова
ТИПЫ СОВЕТИЗМОВ В ЭМИГРАНТСКОЙ ПРОЗЕ..................90

SECTION 8.
Jurisprudence (Юридические науки)

В. Ю. Салинников
К ВОПРОСУ ОБ ОСПАРИВАНИИ
МИРОВОГО СОГЛАШЕНИЯ..94

А. Н. Сандырева
МЕЖДУНАРОДНЫЙ КОММЕРЧЕСКИЙ АРБИТРАЖ
КАК АЛЬТЕРНАТИВНЫЙ СПОСОБ
РАЗРЕШЕНИЯ СПОРОВ……………………….………...……..98

С. В. Ткаченко
ДЕСТРУКТИВНАЯ РОЛЬ РЕЦЕПЦИИ ПРАВА
В ПРАВОВОЙ ЖИЗНИ ОБЩЕСТВА………………………..…109

SECTION 9.
Educational Sciences (Педагогические науки)

С. А. Мищик
МОДЕЛИРОВАНИЕ ШИРОКОПРОФИЛЬНОЙ
ЦЕЛОСТНО-СИСТЕМНОЙ ДЕЯТЕЛЬНОСТИ……………..…...110

Н. С. Титова
ИННОВАЦИОННЫЙ ХАРАКТЕР РАБОЧЕЙ ПРОГРАММЫ
В ПРОФЕССИОНАЛЬНОЙ ДЕЯТЕЛЬНОСТИ УЧИТЕЛЯ
В УСЛОВИЯХ ФГОС……………...……………………….…....115

Д. А. Чемезов, Ю. В. Степанова
СТЕНДОВЫЙ ЛАБОРАТОРНЫЙ КОМПЛЕКС
ДЛЯ ИССЛЕДОВАТЕЛЬСКОЙ РАБОТЫ СТУДЕНТОВ
СРЕДНИХ СПЕЦИАЛЬНЫХ УЧЕБНЫХ ЗАВЕДЕНИЙ…….…...122

SECTION 10.
Cultural Studies (Культурология)

К. В. Демаков
ПЕРСПЕКТИВЫ СТАНОВЛЕНИЯ СОВРЕМЕННОГО
АРКТИЧЕСКОГО БРЕНДА МУРМАНСКА НА ПРИМЕРЕ
АТОМНОГО ЛЕДОКОЛА «ЛЕНИН»………………………..…...126

SECTION 1.
Information Technology (Информационные технологии)

РАЗВИТИЕ ОБРАЗОВАТЕЛЬНЫХ ТЕХНОЛОГИЙ В ИНФОРМАЦИОННОМ ОБЩЕСТВЕ
Р. А. Гриненко
Южный федеральный университет, Россия

Развитие технологий приводит к образованию нового типа общества - информационного. Этот процесс, начавшийся с появлением первых ЭВМ, продолжается и сейчас с все ускоряющимися темпами.

В 1972 году консультационным советом, состоящим из лидеров промышленности, транспорта, политических и религиозных организаций был подготовлен двухтомный доклад «Информационные технологии» резюмирующий идею о переходе от индустриального к информационному типу общества как императив будущего США. [1] Несколькими годами ранее Япония предложила в так называемой «Белой книге» по компьютеризации и информатизации построение информационного общества как ответ на проблемы современности в виде загрязнения окружающей среды, переурбанизации и др.[2]

Этот подход стал в основе концепции устойчивого развития, которую в настоящее время поддерживают большинство стран, опираясь на одно из важнейших стратегических направлений развития цивилизации – глобальную информатизацию. Именно информация будет определять развитие информационного общества.

Один из самых доступных и распространенных информационных источников сегодня, является «Сеть сетей» - интернет, технология которой была разработанная в 1969 году по заказу министерства обороны США для быстрого и надежного обмена информацией и объединявшая четыре крупнейших университета. Сегодня включает все университеты, национальные библиотеки и научные центры в мире, а количество пользователе достигло 2,4 миллиарда.(34% всего населения), и неуклонно растет. Рост количества пользователей сети интернет за период с 2000 по 2012 года составил 600%, по данным ФОМ (Фонд Общественное

Мнение) за 2012 год проникновение интерната в России составило 52%.[3]

В связи с увеличением количества активных пользователей сети, увеличивается и количество доступной информации. По исследованиям аналитической компании ICANN объем данных, хранящихся в интернете в 2011 году, составляет в 2,56 зеттабайт (2,7 млрд. Тб) и увеличивается в среднем в 2 раза каждые 2 года.[4] Привести в пример можно популярную интернет энциклопедию википедия (http://ru.wikipedia.org) содержащую более 30 миллионов статей на 276 мировых языках.

Интернет влияет на все социальные институты, в том числе и на образование. С его распространением открываются новые возможности, такие как дистанционное обучение, онлайн лекции и семинары. Онлайн библиотеки и базы данных дают неограниченный потенциал для самообразования и самореализации.

Множество распространенных видео и аудио курсов позволяю в короткие сроки овладеть новой технологией, в удобной для обучающегося форме. С возможностью последнего подстроить обучение под свой ритм жизни.

Дистанционное образование постепенно становится все более популярным, особенно в странах 3-го мира, где стоимость аналогичного традиционного образования в 5 раз выше.

В выпущенном в 2013 году докладе компании IBM «5 инноваций, которые изменят нашу жизнь в следующие 5 лет» на первом месте стоят классные комнаты будущего, созданные на основе интернет технологий и самообучающихся сетей, которые позволят улучшить качество образования, создать индивидуальный, гибкий подход к каждому обучающемуся.[10]

Все это приводит к новому этапу развития образовательных технологий. Студент может найти любую интересующую его информацию, минуя преподавателя. Присутствие студентов на лекциях все реже становится само собой разумеющимся. Теперь преподавателю необходимо быть «интересным» для студентов.

Еще одним конкурентом для преподавателя становиться мультимедийный способ подачи информации в сети. Современные подростки в возрасте 15-16 лет «живут» в мультимедийном пространстве. По данным опроса 93% используют интернет[5], что приводит к формированию у них мышления нового типа, определенным образом отличающегося от мышления, сформировавшегося на основе оперирования печатной информацией, пользования средствами массовой коммуникации.

При этом интернет предоставляет им выбора между университетами и преподавателей с мировой известностью, которые реализуют в своей деятельности интернет технологии. В 2013 году на онлайн курсе Лондонского университета присутствовало одновременно более 200 тысяч студентов.[6] Тогда как самая популярная онлайн лекция собрала за все время более 20 миллионов просмотров.

Как следствие, преподавателю предстоит задуматься не только о содержании своих лекций, но и над формой их подачи, с учетом ориентации на современный медиа формат.

Открытость и возможность свободного обмена информацией породили новые комбинации, часто возникающие из уже известных понятий. Это определило возникновение новых дисциплин на основе комбинации и взаимовлияния существующих. «Наука о земле» - один из курсов в Амстердамском университете представляет собой комбинацию: географии, физики, биологии и еще целого ряда дисциплин. «Quantum information» (Квантовая информатика) включающая в себя элементы квантовой физики и компьютерных наук, «Биоинформатика» - образовавшаяся на стыке молекулярной биологии и информатики.

Другой современной тенденцией в научной среде становится трансдисциплинарность. Результатом Международной конференции по высшему образованию состоявшейся в октябре Париже, в Штаб-квартире ЮНЕСКО были сделаны рекомендации – поощрять трансдисциплинарность программ учебного процесса и учить будущих специалистов, использовать трансдисциплинарный подход для решения сложных проблем природы и общества.[7]

Современный институт представляет собой сложную, статическую структуру, созданную для стабильных, не меняющихся условий. Рынок сегодня, однако, не отличается стабильностью. Влияние информатизации на образовательный процесс влечет за собой не только, применение новых технологий и новые дисциплины. Создаются новые требования к формату обучения, принятие которых становится необходимым, для высших учебных учреждений, если они хотят остаться конкурентно способными в новом обществе.

Скорость и гибкость представляют собой тренд сегодняшнего дня.

Литература

1. Conference Board, Information Technology, Reports 537, 557 (New York: Conference Board, 1972.
2. Computer White Paper (Tokyo: Japan, Computer Usage Development Institute, 1970).
3. http://www.internetworldstats.com/stats.htm
4. http://www.icann.org
5. http://www.detlitlab.ru/?cat=17&text=75
6. http://www.bbc.co.uk/news/education-24804803
7. UNESCO on the World Conference on Higher Education (1998). Higher Education in the Twenty-First Century: Vision and Action.Available:http://perso.club-internet.fr/nicol/ciret/english/charten.htm
8. Влияние интернета на глобализацию образования в информационном обществе. Иванова М.А. – Электронный ресурс: http://conf.sfu-kras.ru/sites/mn2013/thesis/s032/s032-007.pdf
9. Интернет: перспективы для высшего образования и науки. Франс ванн дер Рееп. http://www.fransvanderreep.com/2013/10/02/интернет-создает-перспективы-для-выс/
10. The 5 in 5 innovations that will charge our lives in the next five years. http://www.ibm.com/smarterplanet/us/en/ibm_predictions_for_future/ideas/?lnk=ushpls9

О НЕОБХОДИМОСТИ УЧЕТА ИЗМЕНЕНИЙ ПСИХОЭМОЦИОНАЛЬНОГО СОСТОЯНИЯ ЧЕЛОВЕКА В СИСТЕМАХ БИОМЕТРИЧЕСКОЙ ИДЕНТИФИКАЦИИ
В. В. Никитин
г. Горно-Алтайск, Россия, nikitin.aktash@mail.ru

Влияние психоэмоционального состояния человека на работу систем биометрической идентификации неоднократно было указано в различных научных трудах [1-3]. Однако, в настоящее время нет точных данных о результатах исследований, характеризующих комплексное влияние психоэмоционального состояния человека на результат его идентификации. Основной проблемой при проведении таких исследований является моделирование процесса изменений психоэмоционального состояния человека и оценка его результатов в качестве воздействия на функционирование системы идентификации.

Стоит отметить, что влияние психоэмоционального состояния человека несущественно для работы систем идентификации, базирующихся на статических методах (отпечатки пальце, ладоней, сетчатка глаза и т.д.) [2]. Однако, для динамических систем идентификации, в основе которых заложено использование уникальности поведенческих характеристик человека (голос, походка, почерк и т.д.), именно его психоэмоциональное состояние имеет огромное значение для проведения идентификации [1, 4]. Для методов динамической идентификации необходимо разработать комплексную модель учета изменений состояния исследуемого человека. На текущий момент существует несколько подходов к оценке психоэмоционального состояния человека, которые возможно реализовать в системах идентификации.

При реализации динамической биометрической системы идентификации, основанной на определении личности человека по голосу, стоит принять во внимание тот факт, что одним из источников определения эмоциональных реакций является речь. Русский язык, с учетом его исторического развития и становления, содержит около 40% эмоционально окрашенных слов. Эмоции определяются особыми акустическими параметрами в речевом сигнале, анализ которых позволит осуществлять изменения психоэмоционального состояния человека. В настоящее время известно несколько моделей и алгоритмов, описывающих эмоциональные процессы при речевой активности человека — гибридная модель эмоционального тона, построенная с применением иммунного подхода и нечеткого вывода, использование метода опорных векторов (МОВ) [5], на основе вычисления признаков по значениям частоты основного тона, трех первых формант и вычисления кепстра.

Функционально, гибридная модель эмоционального тона построена на основе следующих процедур:
1. выделение, расчет акустических параметров и определениеэмоционального тона (с помощью экспериментально полученной функциональной зависимости значений);
2. учет слов, характеризующих эмоциональные реакции;
3. выделение характеристик фонем гласных звуков и лингвистических переменных;
4. заполнение базы нечетких правил;
5. определение эмоционального тона посредством нечеткого вывода.

Определяемый эмоциональный тон в этом случае является оценкой внешнего события и, следовательно, относительной характеристикой переживания человеком эмоциональной реакции.

Распознавание психоэмоционального состояния человека по голосу на основе МОВ основано на решении проблемы классификации эмоционально окрашенной речи, извлечения векторов признаков, предварительной обработки обучающих выборок, выбора параметров алгоритма и оценки свойств полученного классификатора. Согласно исследованиям данный алгоритм обеспечивает точность классификации, при правильном выборе оптимальных параметров 96,2% [5]. Одним из минусов алгоритма МОВ является сложность выбора параметров, так как в нем отсутствует численное значение характеристик, которые ставятся в соответствие значениям различных эмоций.

Анализ эмоционального состояния личности по значениям частоты основного тона и трех первых формант, а также вычисления кепстра позволяет достичь высокой точности работы

– 97.2% [6]. К недостаткам работы данного алгоритма относится сложность его настройки (зависимость от разговорного языка абонента, у которого опознается эмоциональное состояние) и невозможность вычисления численного значения амплитуды эмоции.

При использовании походки человека как биометрического параметра при идентификации, стоит учитывать моторику различных частей тела, отображающую эмоциональные реакции человека. К ним относятся выразительные движения, проявляющиеся в жестах и мимике, в пантомимике (моторика всего тела, включающие в себя позу, походку, осанку и др.).

В различных источниках [7, 8] описываются способы и методы определения по походке таких эмоций, как гнев, страдание, гордыня, счастье. Приведены факты, свидетельствующие о том, что у гордящегося человека самая большая длина шага, а если человек страдает, его походка вялая, угнетенная, такой человек редко глядит вверх или в том направлении, куда идет. Существует множество описаний соответствия типов походок и характера человека.

Для систем биометрической идентификации, использующих в своей работе алгоритмы идентификации по походке, наиболее предпочтительной является образец походки уверенного человека, с правильной осанкой— легкая, пружинистая и постоянно прямая. Голова при этом должна быть слегка приподнята, а плечи расправлены. Этот вариант походки выступает в качестве шаблона, с ним в дальнейшем будет происходить сравнение других реализаций, отличающихся девиацией психоэмоционального состояния человека. Именно данные девиации состояния человека и будут являться одним из самых значительных факторов, влияющих на результат идентификации, как следствие, возникает необходимость в их учете при разработке систем идентификации такого типа.

В результате различных исследований и практики почерковедческих экспертиз были выделены и систематизированы идентификационные признаки письма – особенности письменно-двигательного навыка, отображающиеся в рукописи и индивидуализирующие (в комплексе с другими особенностями почерка) конкретное лицо. Существуют определенные закономерности, определяющие зависимость почерка человека от его внутреннего настроения – изменение давления на перо, увеличение/замедление скорости письма и т.д. В этом случае, аналогично, девиации психоэмоционального состояния будут оказывать влияние на проведение процедуры идентификации человека с использованием его почерка.

Рассмотренные выше факты свидетельствуют о необходимости разработки модели учета изменения психоэмоционального состояния человека применительно к системам биометрической идентификации. Данная модель позволит произвести оценку влияния на результаты работы биометрических систем. Это позволитреализовать снижение показателей коэффициента ошибок первого и второго рода для систем идентификации, вызванных девиацией психоэмоционального состояния. Существующие в настоящее время методы описания состояния человека не в полной мере применимы к решению обозначенной задачи.

Литература

1. Иванов А.И. Биометрическая идентификация личности по динамике подсознательных движений: Монография. – Пенза: Изд-во Пенз. Гос. ун-та, 2000. – 188 с.
2. Болл Руд М. и др. Руководство по биометрии // Москва, Техносфера, 2007 – 368 с.
3. Кухарев Г.А. Биометрические системы: методы и средства идентификации личности человека. – СПб.: Политехника, 2001 – 240. с.
4. Никитин В.В. Области применения подсистемы определения психоэмоционального состояния абонента в инфокоммуникационных системах. Сборник материалов I Международной научно-практической конференции «Перспективы развития научных исследований в XXI веке» (31.01.2013) / Москва: Изд-во «Перо», 2013 – с. 246-249.
5. Хейдоров И.Э. и др. Классификация эмоционально окрашенной речи с использованием метода опорных векторов // Речевые технологии. – 2008. – №3. – с. 53-61.
6. Лукьяница А.А, Шишкин А.Г. Автоматическое определение измененийэмоционального состояния по

речевому сигналу// Речевые технологии. – 2009. – №3. – с. 53-61.
7. Аугустинавичюте А. О дуальной природе человека. – К.: Изд-во Международногоинститута соционики, 1992. — 40 с.
8. Щеголев, И. Тайны почерка/ И. Щеголев. СПб.: Питер, 2004. – с. 128.

SECTION 2.
Biological sciences (Биологические науки)

ОСОБЕННОСТИ ПРИМЕНЕНИЯ КОФЕЙНОГО ЖМЫХА, КОМПОСТА ИЗ ТВЕРДЫХ БЫТОВЫХ ОТХОДОВ И ОСАДКА СТОЧНЫХ ВОД ДЛЯ РЕКУЛЬТИВАЦИИ ПОЛИГОНОВ ТБО

Д. М. Малюхин, Л. Г. Бакина

ООО «Чистая земля», Санкт-Петербург, Россия,
e-mail: 6405292@list.ru
ФГБУН Санкт-Петербургский научно-исследовательский центр экологической безопасности РАН, г. Санкт-Петербург, Россия,
e-mail: bakinalg@mail.ru

На территории полигона ТБО г. Гатчины Ленинградской области сотрудниками компании ООО «Чистая земля» проводится рекультивация с применением новых органических субстратов, а именно: кофейного жмыха (Завод по производству сублимированного кофе "Крафт Фудс", п. Горелово, Волхонское ш., д.7), компоста из твердых бытовых отходов завода МПБО № 2 (пос. Янино) и осадка сточных вод («Водоканал», г. Гатчина). Изучены особенности процессов самозарастания площадок, рекультивированных с применением вышеупомянутых субстратов. Установлено, что надземная биомасса, видовой состав растительности и общее проективное покрытие опытных площадок зависят от вида органического субстрата и срока его экспонирования. Наиболее активно происходит зарастание площадок, рекультивированных с использованием компоста завода МПБО и ОСВ (осадка сточных вод). Площадки, рекультивированные с использованием кофейного жмыха, начинают зарастать, только начиная с 4 года экспонирования, что обусловлено специфическим химическим составом отхода.

SECTION 3.
Engineering (Технические науки)

ПЕРСПЕКТИВНЫЕ НАПРАВЛЕНИЯ РАЗВИТИЯ СИСТЕМ ТЫЛОВОГО И ТЕХНИЧЕСКОГО ОБЕСПЕЧЕНИЯ ВООРУЖЕННЫХ СИЛ РЕСПУБЛИКИ КАЗАХСТАН
Серикхан Касымгазинович Кожахметов
Национальный университет обороны Министерства Обороны Республики Казахстан, докторант, город Щучинск

На фоне обострения военно-политической ситуации в мире и в регионе, технического прогресса, совершенствования форм и способов ведения вооруженной борьбы необходимо постоянное повышение эффективности военной организации государства для противодействия современным угрозам военной безопасности, что требует корректировки военной политики государства и дальнейшего развития системы обеспечения военной безопасности [1, с. 4].

Построение сильной современной армии с учетом реалий военно-политической обстановки, способной адекватно реагировать на возможные угрозы военной безопасности государства, является необходимым условием сохранения обороноспособности страны на уровне, отвечающей вызовам современности.

Разнообразие условий, изменение задач, форм и способов действий соединений и частей Вооруженных Сил Республики Казахстан в военных конфликтах различной интенсивности, дает нам направление работы по совершенствованию теории дальнейшего развития тыла войск в бою и операции и в частности в военных конфликтах низкой и средней интенсивности.

В ходе определения концептуальных положений и формирования перспективного облика Вооруженных Сил главным направлением совершенствования системы тылового обеспечения видится достижение качественно нового уровня ее состояния, позволяющего гарантированно обеспечить потребности Вооруженных Сил в мирное и военное время, эффективность ее функционирования с опорой на возможности промышленно-экономического комплекса государства в условиях интеграции систем обеспечения других войск и воинских формирований Республики Казахстан.

Перспективными направлениями развития системы тылового обеспечения считаю внедрение автоматизированной системы управления тылом, автоматизация учета наличия и движения материальных средств на всех уровнях, широкое использование возможностей экономической базы всех форм собственности в интересах обеспечения Вооруженных Сил, освоение перспективных способов обеспечения войск путем внедрения высокотехнологичных методик и оснащения, интеграция подсистем тылового обеспечения в рамках военной организации государства.

В настоящее время необходимо создавать новые территориальные системы экономического обеспечения силовых ведомств. Это требует, по моему мнению, решения следующих задач:

- выявления на основе экономического анализа направлений интеграции систем тылового обеспечения войск;

- совершенствования существующей нормативно-правовой базы функционирования тыловых служб военной структуры силовых ведомств;

- формирования единых органов управления отдельными территориальными системами обеспечения войск и уточнения их функций и компетенции;

- создания организационно-экономического механизма для взаимодействия служб тыла вооруженных сил, других войск, воинских формирований, местных органов власти и управления, частных предприятий и организаций;
- организации единой системы служб тыла и технического обеспечения различной ведомственной принадлежности с общими запасами материальных средств, системой отчетности и контроля;
- объединения на территориальной основе складской, транспортной, медицинской и другой инфраструктуры.

Предстоит трудная и кропотливая работа по приведению состава сил и средств тыла различных уровней в соответствие объему выполняемых задач, их техническому оснащению.

Проанализировав состояние подразделений тылового обеспечения войскового звена, можно из опыта сделать вывод, в связи с тем, что имеющаяся техника 1960-1990 г.г. изготовления (морально и технически устарела), отсутствуют запасные части, затраты на ремонт и модернизацию не целесообразны. Опыт тылового обеспечения войск в ходе боевых действий на Северном Кавказе высветил ряд проблем, оказывающих серьезное влияние на деятельность служб тыла.

Автомобили с карбюраторными двигателями типа ЗИЛ, ГАЗ, используемые под монтаж технологического оборудования, оказались непригодными для условий высокогорья, неспособными преодолевать горные перевалы.

В настоящее время существует потребность в переоснащении и модернизации имеющегося парка техники тыла по следующим направлениям:
- плановая замена устаревших технических средств, путем закупа современных образцов специальной техники тыла;
- модернизация имеющихся образцов;
- техническое обслуживание и ремонт техники тыла.

Что позволит существенно повысить мобильность и автономность выполнения задач

На современном этапе, требуется создание и использование бронированной техники тыла - автотопливо-заправщиков, санитарных автомобилей, чтобы технические средства тыла могли успешно действовать в боевых порядках батальонов, обладать проходимостью и маневренностью равнозначной боевой технике и иметь противопульную и противоосколочную броню.

Считается перспективным направлением построение тыла по модульному принципу, но для его внедрения в практику войск необходима соответствующая техническая база автомобильной промышленности Республики Казахстан.

Оснащение частей и подразделений материального обеспечения современной модульной, бронированной техникой тыла является одним из условий успешного решения задач тылового обеспечения войск в бою и операции.

В настоящее время взаимодействие Вооруженных сил Республики Казахстан с другими войсками и воинскими формированиями по вопросам тыла и технического обеспечения организовано по отдельным вопросам, таким как оказание взаимопомощи в материальном обеспечении, разработке совместных нормативно-правовых актов, отдельных случаев совместного использования инфраструктуры и в вопросах подготовки офицерских кадров. Более тесное взаимодействие в вопросах эффективности функционирования систем тылового обеспечения не организовано. Одной из причин отсутствия более тесного взаимодействия, является различия в системах тылового обеспечения, такие как несоответствие организационной структуры, отсутствие оперативного и стратегического звеньев тыла и другие.

На сегодня, каждое министерство и ведомство, в которых предусмотрена воинская служба, финансируется из Республиканского бюджета самостоятельно, отдельно хранит и закупает в целом однотипные материальные средства, готовит кадры тыла, осуществляет воинские перевозки. Для решения этих задач в каждом ведомстве имеются соответствующие органы управления, склады, базы и другие структуры тыла, которые зачастую, дублируют друг-друга, имеют загруженность менее 50% от возможностей. Кроме того, как свидетельствует опыт последних локальных войн и вооруженных конфликтов на Северном Кавказе и в других регионах мира, к решению боевых задач привлекаются не только группировки войск Вооруженных Сил, но и силы и средства других войск и воинских формирований, сводимых в объединенную группировку войск – обеспечение которых организуется централизовано, под единым началом и руководством.

30 марта 2009 года на очередном заседании Межведомственной комиссии Совета Безопасности по вопросам военной безопасности были рассмотрены и обсуждены актуальные вопросы «О повышении эффективности функционирования системы тылового обеспечения Вооруженных сил, других войск и воинских формирований Республики Казахстан».

Ожидаемые масштабы, формы и способы ведения боевых действий объединенных группировок войск выдвигают в качестве важнейшей задачи обеспечение эффективности системы тылового обеспечения, которая должна надежно функционировать с учетом экономических возможностей страны, наличия запасов материальных средств, техники и имущества тыла, а также информационных связей между ее элементами. Это возможно лишь при комплексном использовании имеющихся сил и средств Тыла Вооруженных Сил, других войск и воинских формировании.

Стандартизация и унификация штатов подразделений тыла необходимо проводить при отработке штатов воинских частей на мирное время и на особый период. Стандартизация позволит осуществлять контроль за деятельностью служб тыла в целом. Пересмотр программ специальной и тактико-специальной подготовки младших специалистов тыла повысит готовность служб тыла для обеспечения задач по предназначению.

Если же говорить о переходе к межведомственной (сопряженной) унифицированной системе тылового обеспечения в целом, то в ней целесообразно, на мой взгляд, в обязательном порядке предусмотреть: формирование единого оборонного заказа, унификацию бюджетного планирования, введение единых нормативов, определение и совершенствование организационно-экономического механизма взаимодействия разноведомственных служб тыла. Это предполагает также разработку и совершенствование правовых основ создания и функционирования межведомственной унифицированной системы тылового обеспечения; координацию программ и планов строительства тыла всех составляющих силового компонента военной организации; формирование органов управления. Чтобы она хорошо действовала, необходимо осуществить интеграцию разноведомственных служб обеспечения, создать требуемые запасы материальных средств, установить единый порядок обеспечения всех войск (сил), контроля, учета и отчетности.

В основу разработки организационно-штатных структур тыла и вооружения положены результаты анализа и обобщения опыта технического и тылового обеспечения различных стран в войнах и вооруженных конфликтах. Следует учесть, что задачи стоящие перед системами тылового и технического обеспечения разнотипные и стали более масштабными в связи с изменениями в составе обеспечивающих систем. Даже, в условиях, не усложненных боевой обстановкой, их выполнение требует огромной организации, основанной на профессионализме органов управления. Выход в решении этих задач ВС РФ видят во взаимодействии с гражданскими структурами [2]. Известно, что большая часть расходуемых войсками материальных средств приходится на боеприпасы и горюче-смазочные материалы (ГСМ) [3]. Каким образом гражданские структуры могут организовать их доставку и хранение в различных условиях боевой обстановки и в условиях воздействия сил специальных операций противника. Нельзя теоретически облегчать свои задачи и упрощать условия их выполнения. Это чревато срывом выполнения задач, стоящих перед войсками и тылом.

При этом, аналитические материалы должны быть подтверждены и обоснованы многочисленными фактическими и цифровыми данными, показывающими тенденции в развитии систем технического и тылового обеспечения Вооруженных сил и позволяющими делать важные теоретические и практические выводы.

Апробации единой системы материально-технического обеспечения и его возможностей в Вооруженных силах Республики Казахстан, позволили более полно оценить потенциал в обстановке, приближенной к боевой и сделать положительные выводы.

Литература

1 Военная доктрина Республики Казахстан, утверждена Указом Президента Республики Казахстан от 11октября 2011 года № 161.

2 Булгаков Д.В. Система материально-технического обеспечения Вооруженных Сил Российской Федерации. Военная мысль, 2012, № 11. с.55 – 57.

3 Лисейчиков Н. И. Система технического и тылового обеспечения войск в войнах и вооруженных конфликтах: Тенденции, цифры, факты. Учебное пособие. Щучинск, 2008г. – стр. 163.

ИЗНОСНЫЕ ИСПЫТАНИЯ РЕСУРСООПРЕДЕЛЯЮЩИХ СОПРЯЖЕНИЙ ГИДРОНАСОСОВ
Е. Г. Рылякин
ФГБОУ ВПО ПГУАС, г. Пенза, Россия, triplan1979@mail.ru

Одним из важнейших направлений обеспечения работоспособности агрегатов гидроситем современных машин и оборудования является повышение износостойкости их деталей за счет улучшения режима их смазки путем применения рациональных температур рабочих жидкостей в условиях эксплуатации.

Для исследования износа ресурсоопределяющих сопряжений – «корпус-шестерня» гидронасоса типа НШ и установления количественной связи между температурой, концентрацией абразива в масле, нагрузкой в сопряжении и износом был реализован полнофакторный эксперимент согласно разработанной методике.

Эксперимент носил экстремальный характер. В качестве функции отклика использовался полином второго порядка. С целью сокращения числа опытов эксперимент проводили по плану, близкому к D-оптимальному, с опытом в центре плана [1].

В качестве образцов, были выбраны цилиндрические ролики, из стали 18ХГТ, и колодки – из литейного алюминия АЛ9 (табл. 1). Лабораторная установка была выполнена на базе машины трения модели МИ-1М. В испытательную камеру устанавливался теплообменный элемент, через который подавалась горячая вода от термостата Thermostat U1 (ГДР).

Требуемый температурный режим обеспечивался смешиванием холодной и горячей воды в смесителе или изменением расхода холодной воды. Температура масла в камере измерялась термопарой ТХК и регистрировалась электронным потенциометром КСП-4.

Измерение твердости поверхности образцов проводилось на твердомере ТК-14-250 по методу Роквелла. Шероховатость поверхности образцов измерялась на профилометре модели «Абрис ПМ-7».

Для определения износа применялся весовой метод, который заключался в определении убыли веса путем взвешивания на аналитических весах ВЛР-200.

В результате математической обработки результатов эксперимента на ПЭВМ получено уравнение регрессии (полином второй степени) в кодированном виде [1,2]

$i = 0{,}29 \cdot x_1^2 + 0{,}12 \cdot x_3^2 - 0{,}04 \cdot x_1 + 0{,}21 \cdot x_2 + 0{,}2 \cdot x_3 + 1{,}07.$

Полученное уравнение, приведенное к натуральным значениям факторов, имеет вид

$i = 0{,}00033\, t_м^2 + 0{,}47 \cdot P^2 - 0{,}03 \cdot t_м + 1{,}94 \cdot C - 0{,}96 \cdot P + 2{,}02,$

где $t_м$ – температура масла в емкости, °С;

P – нагрузка на колодку, кН;

C – концентрация абразива в масле, %.

В результате проведения лабораторных исследований масла М-10Г$_2$ обработки экспериментальных данных на ЭВМ получена зависимости момента трения (М) от температуры масла (Т) (рисунок 1).

Из зависимости видно, что имеется интервал температур, при котором момент трения наименьший. Следовательно, снижение энергозатрат может быть достигнуто путем регулирования температурного режима масла.

Используя уравнение регрессии, и зафиксировав одновременно два фактора из трёх на основном уровне, получены зависимости по влиянию каждого фактора в отдельности на износ образцов.

При уменьшении нагрузки в контакте износ образцов уменьшается (рисунок 2). Зависимость имеет нелинейный характер. Однако в производственных условиях влиять на износ изменением нагрузки в контакте сопрягаемых деталей не представляется возможным.

При температуре масла около 50°C наблюдается область с наименьшим износом (рисунок 3), что объясняется лучшим поступлением маловязкого масла в зону трения, лучшим теплоотводом и более интенсивным удалением продуктов износа от поверхностей трения.

Таблица (а, б, в, г, д) –
Оборудование и материалы эксперимента

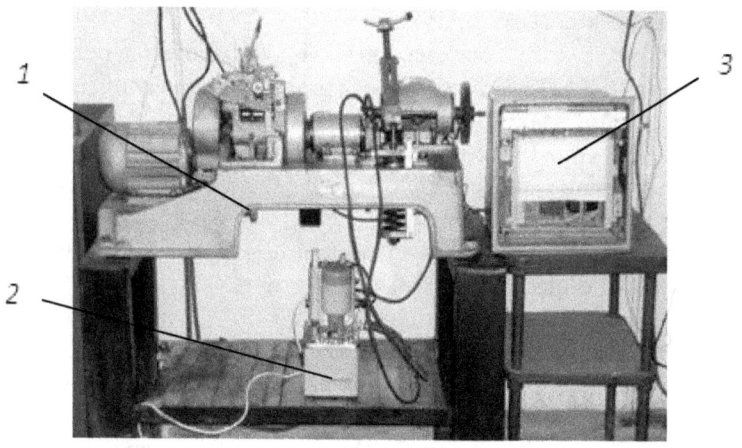

а) общий вид: 1 – машина трения МИ-1М;
2 – термостат; 3 – потенциометр КСП-4.

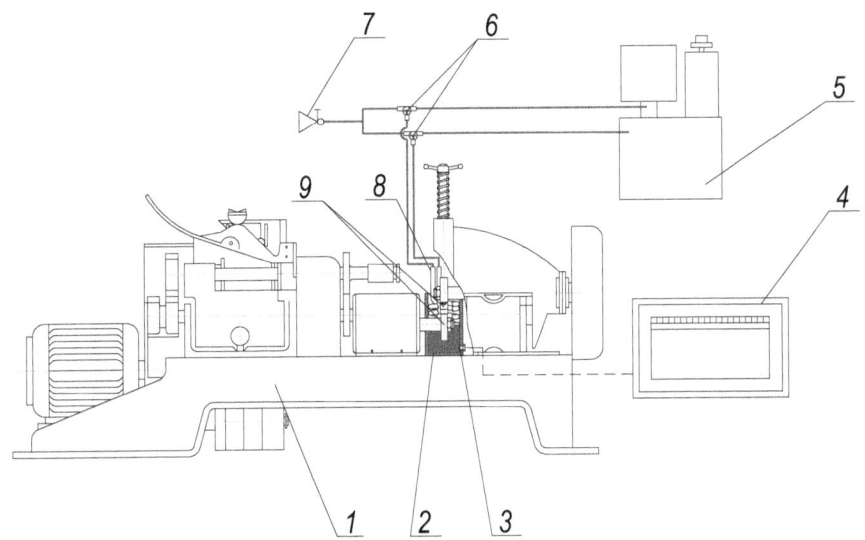

б) схема: 1 – машина трения МИ-1М; 2 – испытательная камера; 3 – змеевик; 4 – потенциометр (КСП-4); 5 – термостат; 6 – трехпроходные краны; 7 – водопроводный кран.

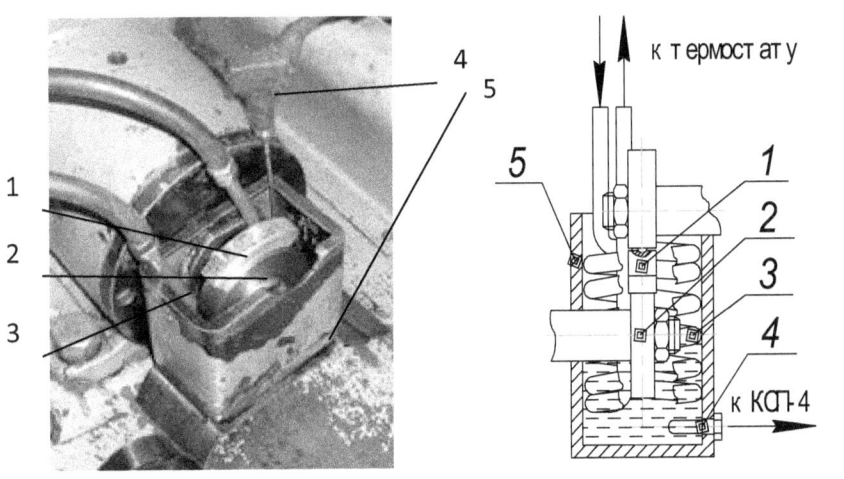

в) общий вид испытательной камеры;

г) схема испытательной камеры;

1 – колодка; 2 – ролик; 3 – змеевик; 4 – термопара; 5 – корпус камеры.

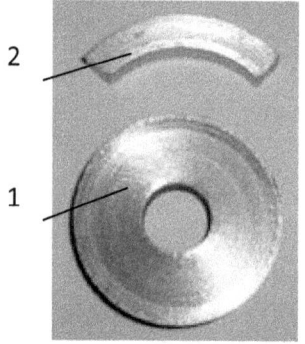 

д) образцы трения; e) весы ВЛР-200.
1 – ролик (18ХГТ); 2 – колодка (АЛ-9).

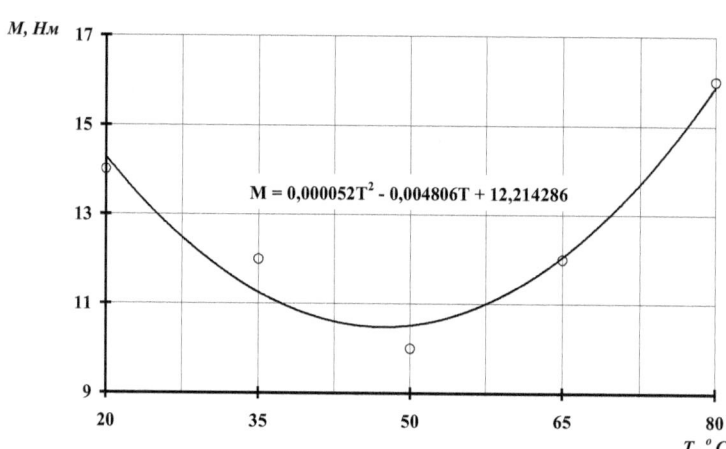

Рисунок 1 – Зависимость момента трения от температуры масла М-10Г$_2$

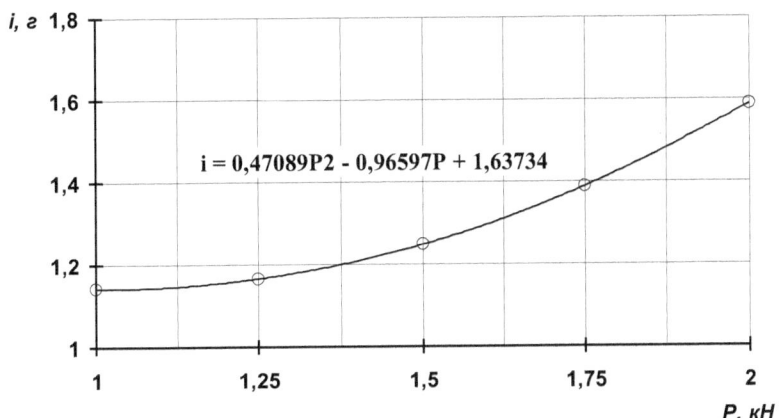

Рисунок 2 – Зависимость износа образцов поверхностей трения (i) от нагрузки на верхний образец (P), при T = 50°C и C = 0,03%

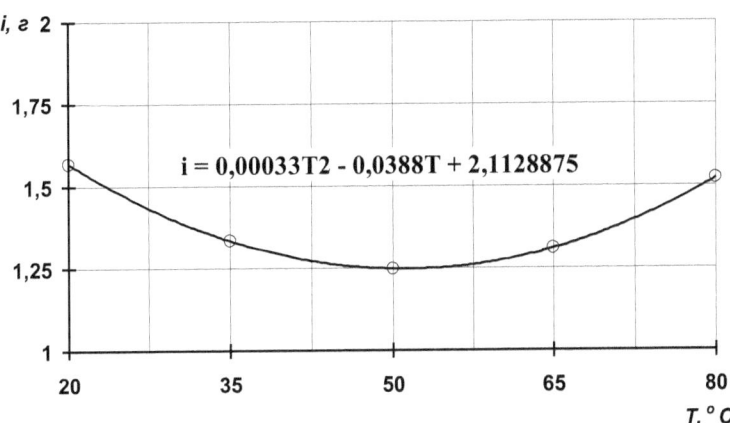

Рисунок 3 – Зависимость износа образцов поверхностей трения (i) от температуры масла (T), при C = 0,03% и P = 1,5 кН

Увеличение концентрации абразива в масле приводит к росту износа образцов трения по линейной зависимости (рисунок 4).

Следовательно, для уменьшения износа подвижных сопряжений необходимо принимать меры по предотвращению поступления абразивных частиц в масло в условиях эксплуатации, но полностью исключить их поступление невозможно [3,4].

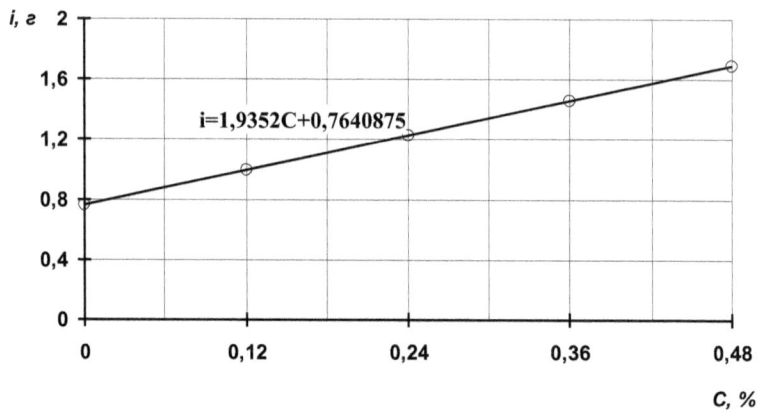

Рисунок 4 – Зависимость износа образцов поверхностей трения (i) от концентрации абразива в масле (C), при P = 1,5 кН, $t_м$ = 50°C

Установлено также, что с уменьшением концентрации абразивных примесей в масле влияние температуры масла на абразивное изнашивание увеличивается (рисунок 5).

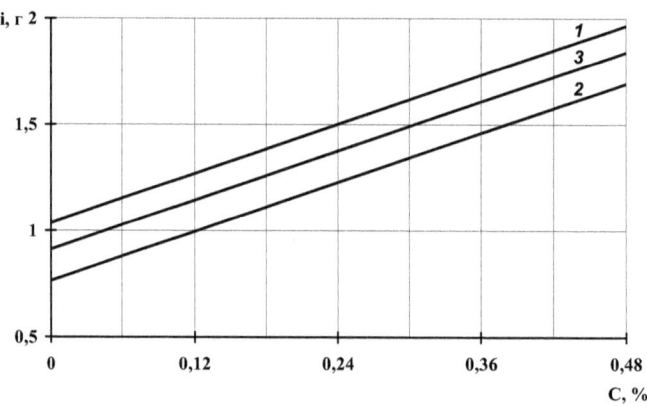

Рисунок 5 – Зависимость износа образцов поверхностей трения (i) от концентрации абразива в масле (C), (P = 1,5 кН), при температуре масла:1 – 20°C; 2 – 50°C; 3 – 80°C

В результате анализа полученных результатов была найдена оптимальная область работы узла трения для принятых условий изнашивания, которая соответствует нагрузке 0,8...1,3 кН, температуре масла 40...63°С и концентрации абразивных примесей в масле – 0,03 % от массы.

Таким образом, из трёх рассматриваемых факторов лишь температура масла является наиболее управляемым, и терморегулирование рабочей жидкости гидросистемы, с учетом возможности внедрения его в массовое производство позволяют эффективно решать проблемы повышения износостойкости деталей агрегатов гидросистемы.

Литература

1. Рылякин, Е.Г. Повышение работоспособности гидросистемы трактора терморегулированием рабочей жидкости: дис...канд. техн. наук: 05.20.03 [Текст] / Е.Г. Рылякин [ПГСХА]. – Пенза: РИО ПГСХА, 2007. – 150 с.

2. Рылякин, Е.Г. Гидросистемы экономят ресурсы [Текст] / Е.Г. Рылякин // Сельский механизатор №12, 2007. – С. 46-47.

3. Каверзин, С.В. Обеспечение работоспособности гидравлического привода при низких температурах / С.В. Каверзин, В.П. Лебедев, Е.А. Сорокин. – Красноярск, 1997. – 240 с.

4. Власов, П.А. Надежность сельскохозяйственной техники / П.А. Власов. – Пенза: РИО ПГСХА, 2001. – 124 с.

SECTION 4.
Historical Sciences (Исторические науки)

МЕННОНИТЫ СИБИРИ И ВОЕННАЯ СЛУЖБА В ГОДЫ ПЕРВОЙ МИРОВОЙ ВОЙНЫ
В. Н. Шайдуров, О. А. Колясов, К. Федорова
Национальный минерально-сырьевой университет «Горный», г. Санкт-Петербург, Россия, s-w-n@mail.ru

Переселение в Россию во второй половине XVIII в. различных групп немецких колонистов было сопряжено с предоставлением им привилегий. Для переселенцев первой волны (1760-е гг.) они были оговорены в манифесте 1763 г. Одной из таким привилегий было освобождение на «вечные времена» от рекрутской повинности [1], которая являлась одной из наиболее обременительных для податного населения Российской империи того времени. То есть она была распространена на всех иностранных переселенцев, оказавшихся в России на основании этого документа. Переселенцы-меннониты, переселявшиеся в Новороссийское наместничество в последней четверти XVIII, оговорили для себя освобождение от рекрутчины в соответствии с нормами вероисповедания. Это нашло свое отражение в так называемых «просительных статьях», составленных меннонитами и получивших одобрение Г.А. Потемкина и утвержденных Екатериной II. На неменнонитов были распространены нормы уже действовавшего манифеста 1763 г.

В период военных действий в течение первой половины XIX в. власти не привлекали немецких колонистов к несению военной службы. Однако немцы оказывали посильную помощь действующей армии, обеспечивая ее фуражом, продовольствием, предоставляя лошадей и повозки. Наиболее ярко эта помощь проявилась в годы Крымской войны (1853 – 1856 гг.).

Перелом в правительственной политике приходится на 1870-е гг. В рамках проведения буржуазно-демократических реформ осуществлялись мероприятия по ликвидации противоречий, имевшихся между различными группами населения страны. В отношении российских немцев это, в частности, нашло свое отражение в проведении реформы колоний, в ходе которой был ликвидирован статус колонистов, а его носители слились с массой прочих поселян-собственников. Следующий шаг был сделан в ходе проведения военной реформы. В 1874 г. новый «Общий устав о воинской повинности» определил, что защита Отечества является почетной обязанностью всех подданных. Однако эти шаги со стороны правительственных кругов негативно сказались на развитии немецкой диаспоры в России. Это отразилось в зарождении эмиграционного движения из Империи, в первую очередь, в американские страны [2, S. 12].

Большой отток немцев заставил власти пойти на пересмотр положений военной реформы в отношении некоторых категорий. В частности, меннониты стали проходить «альтернативную» службу в мастерских морского ведомства, в пожарных командах и особых подвижных командах лесного ведомства. В период ведения военных кампаний они привлекались в санитарные команды.

На рубеже XIX – XX вв. меннониты переселяются за Урал, в том числе в Юго-Западную Сибирь. Здесь они также придерживались норм вероисповедания. Со своей стороны власти соблюдали нормы действовавшего законодательства: часть меннонитов призывного возраста проходила службу в лесничествах Западной Сибири. Так, например, на 1 января 1914 г. в Исилькульском лесничестве проходили службу 44 меннонита [3, с. 10].

Первая мировая война не обошла стороной российских немцев, проживавших в Сибири. Значительная часть немцев-лютеран и католиков была призвана в действующую армию. Но они принимали участие в военных действиях на Кавказском фронте. Меннониты оказались на службе в различных частях вспомогательного характера, в том числе отрядах Лесного Департамента Управления Земледелия и Государственных имуществ (далее УЗиГИ – В.Ш.). При этом служащие лесничеств, в чьем подчинении оказывались мобилизованные меннониты, соблюдали территориальную принадлежность контингента.

В границах Семипалатинской области было определено несколько лесничеств, в которых меннониты использовались для выполнения различных работ. Но в основном, они были заняты на охране леса и вспомогательных работах. Так, например, в Усть-Каменогорском лесничестве они вели работы в питомнике по ремонту семяносушилки и заготовки для нее дров [4, л. 4]. При этом порядок работы в лесничестве носил регламентированный характер. Это нашло свое выражение в установлении единой ежегодной нормы отработанных дней (184 дня), нормы оплаты труда независимо от ее характера (20 коп./день) [4, лл. 3 об. – 4, 7 об. – 8, 9 об. – 10, подсчет наш].

Относительно труда «обязанных рабочих» в годы войны можно говорить о его милитаризации. В дополнение к приведенным выше фактам необходимо добавить, что согласно распоряжения Лесного Департамента от 16 мая 1915 г. меннониты не получали деньги за выполненную работу [4, л. 10], хотя лесничества регулярно отчитывались об объемах выполненных ими работ в рублях.

Меннониты, оказавшиеся в ведении местных УЗиГИ, не были вольны в перемещении. Достаточно частыми были переводы «обязанных работников» не только из одного лесничества в другое, но даже в другие регионы страны. Так, например, во второй половине 1916 г. из Боровского лесничества Акмолинско-Семипалатинского УЗиГИ пять человек было переведено в распоряжение Костромско-Ярославского УЗиГИ [4, л. 9 об.].

В течение почти всего военного периода меннонитам было запрещено покидать пределы лесничеств. Только в апреле 1917 г. «министром земледелия разрешено начальникам Управлений Земледелия и Государственных имуществ увольнять в отпуск обязанных рабочих меннонитов моложе 45 лет для уборки предстоящего урожая только в том случае, если они состоят единственными работниками в семье» [4, л. 17]. В то же время срок отпуска был определен всего в две недели без учета дороги до места жительства [4, там же].

Однако число меннонитов, оказавшихся на работах в лесничествах Сибири было невелико, о чем свидетельствуют данные приводимые ниже (см. табл. 1).

Таблица 1- Численность обязанных рабочих – меннонитов
в лесничествах Семипалатинской области

Лесничество	на 31.12.1915 г., чел.	на 31.12.1916 г., чел.
Усть-Каменогорское	3	3
Семипалатинское	5	15
Боровское	22	20
Степное	нет данных	8

Источник: Государственный архив Омской области. Ф. 354. Оп. 2. Д. 3. ЛЛ. 3, 7 об., 9 об., 11-12.

Можно говорить о том, что количественный состав контингента не был стабильным. Достаточно частыми были переводы меннонитов, о чем было сказано выше. Однако применительно к данным лесничествам отсутствовали факты передачи обязанных рабочих в военное ведомство.

Таким образом, в течение 1910-х гг. меннониты и власть сохраняли хрупкий компромисс в вопросе об отбывании воинской службы, достигнутый в последней трети XIX в. Даже начавшаяся Первая мировая война не привела к изменению сложившейся ситуации, что можно объяснить уважением сторонами взаимных интересов.

Литература и источники

1. Полное собрание законов Российской империи – I. СПб., 1830. Т. 16. № 18880.

2. Stumpp K. Das Russlanddeutschtum in Uebersee // Heimatbuch der Deutschen aus Russland – 1966. Stuttgart, 1966.

3. Советское государство и евангельские церкви Сибири в 1920 – 1941 гг. Документы и материалы. Новосибирск, 2004.

4. Государственный архив Омской области (далее ГАОО). Ф. 354. Оп. 2. Д. 3.

SECTION 5.
Economics (Экономические науки)

АНАЛИЗ СОВРЕМЕННОЙ ДЕМОГРАФИЧЕСКОЙ СИТУАЦИИ В РОССИИ
В. А. Астахова, И. В. Солодкий
*Финансовый университет при Правительстве РФ,
г. Москва, Россия, valeriyaastakhova@gmail.com*

Численность населения России по предварительным данным Росстата на 1 января 2013г. составила 143,3 млн. человек (см. таблицу 1). Последняя перепись населения проводилась в 2010г., и тогда общая численность населения была на 0,4 млн. человек меньше. Исходя из динамики последних 4 лет видно, что общая численность населения выросла, соотношение между мужчинами и женщинами осталось прежним. На первый взгляд эти показатели являются вполне обнадеживающими: казалось бы, наметился хоть и небольшой, но рост, однако стоит рассмотреть, за счет каких именно изменений наметилась такая положительная динамика.

Таблица 1. Изменение общей численности населения

Годы	Население, млн. человек	В том числе, млн. человек		В общей численности населения, %	
		Мужчины	Женщины	Мужчины	Женщины
2010	142,9	65,9	76,8	46	54
2011	142,9	66,1	76,8	46	54
2012	143,0	66,1	76,8	46	54
2013	143,3	66,1	76,9	46	54

Источник: составлено автором работы на основе данных российского статистического ежегодника [Электронный ресурс] – Режим доступа: Официальный сайт федеральной службы государственной статистики

Проанализировав показатели из таблицы 2, можно сделать вывод, что, к сожалению, рост общей численности населения за последние годы вызван исключительно потоком мигрантов в Россию, а графу «естественный прирост» в таблице логичнее было бы назвать естественной убылью. Однако как можно заметить, естественная убыль населения сокращается из года в год, причем данное улучшение показателей является вовсе не краткосрочным. Так, улучшение показателя «естественный прирост» происходит уже с 2000 года (на тот момент этот фактор соответствовал числу "- 958532 тыс. человек").

Таблица 2. Компоненты изменения
общей численности населения

Годы	Население, тыс. человек	Изменения за год, тыс. человек		
		Общий прирост	Естественный прирост	Миграционный прирост
2010	142833,5	31,9	-239,6	271,5
2011	142865,4	191	-129,1	320,1
2012	143056,4	290,7	-4,3	295
2013	143347,0	290,6	-6,6	297,2

Источник: составлено автором работы на основе данных российского статистического ежегодника [Электронный ресурс] – Режим доступа: Официальный сайт федеральной службы государственной статистики

Начиная с 2006-2007 года, происходит увеличение числа родившихся (прирост с 2006 года составил 422447 человека) и сокращение числа умерших (на 260368 человек с 2006 года). Линия естественного прироста почти приблизилась на 2012 год к показателю 0 (естественная убыль составила всего 6,6 тыс. человек). Разумеется, сам по себе факт наличия естественной убыли в стране не представляет предмета гордости, однако учитывая почти 20-летний период борьбы с этим фактором, данные за 2012 год являются весьма результативными.

С 1 января 2007 года был введен материнский капитал, как форма государственной поддержки и стимулирования роста рождаемости в стране. И рисунок 1 наглядно демонстрирует, что материнский капитал весьма неплохо справился со своей задачей, фактически именно с этого года линия числа родившихся стала более крутой.

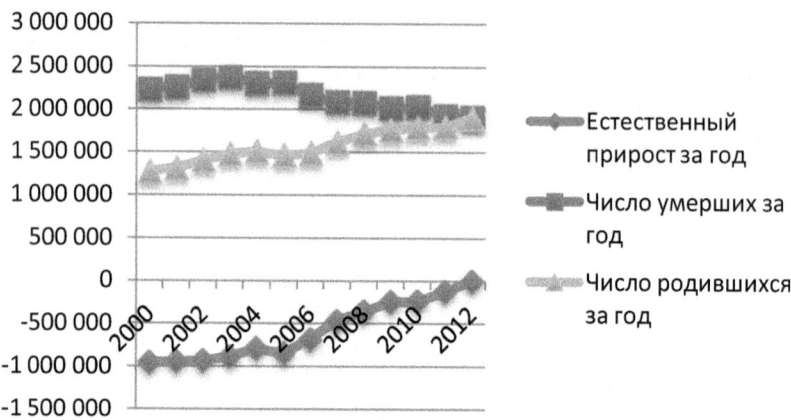

Рисунок 1. Естественный прирост населения 2000-2012 гг.

Что же касается смертности, то, несмотря на снижение показателей в последние годы, они все равно являются, несомненно, высокими. Так, основной причиной смерти в России являются сердечно-сосудистые заболевания. На 2012 год на болезни системы кровообращения пришелся 61% от всех смертей, на раковые заболевания различных органов – 17%, и достаточно высок показатель внешних причин (дорожно-транспортные происшествия, убийства, самоубийства и все другие виды несчастных случаев) – 11% (см. рисунок 2). Стоит отметить, что число смертей из-за внешних причин среди мужчин в 3,4 раза больше, чем среди женщин – 149104 против 44670 в 2012 году. И хотя женщины чаще, чем мужчины пытаются свести счеты с жизнью, на мужчин приходится больше случаев завершенных суицидов.

Рисунок 2. Основные причины смерти среди всего населения России

Показатель смертности в России из-за заболеваний сердечно-сосудистой системы является очень высоким, он в 3-4 раза выше, чем в европейских странах. Основными причинами, вызывающими заболевания сердца являются курение, алкоголизм, ожирение, а также отказ от физической активности. В России велика доля курящих и пьющих людей, а также в последнее время увеличилось число людей, страдающих от избыточного веса. Так, например, только официально страдающих от алкоголизма людей в России 1807,9 тыс. человек на 2012 год по данным Росстата. Число же пьющих людей в нашей стране намного больше, чем просто число людей, страдающих от алкоголизма. Как говорят про нас другие страны – «Россия – это место, где пиво не алкоголь». Пиво пьют около 70% мужчин и 50% женщин, а крепкие напитки (водка и пр.) – 60% мужчин и 37% женщин. И каждый день расслабляются после работы около 6,3% населения. Последний показатель, кстати, не является таким уж высоким по сравнению с другими странами. Однако стоит учитывать качество продаваемого алкоголя, да и сам процесс потребления алкоголя в Европе носит другой характер нежели, чем в России. Число несовершеннолетних, злоупотребляющих алкоголем в России, растет с каждым годом.

Что же касается курения, то по данным Всемирной организации здравоохранения к активным курильщикам в России относятся 60,7% мужчин и 21,7% женщин[4]. В общей сложности это 44 миллиона человек, то есть 39,1% взрослого населения. При этом ежегодно из числа курильщиков 300 тысяч ежегодно умирает от болезней, вызванных курением. Безусловно, это очень большой показатель, так как стоит учитывать, что курение также является и причиной, хоть и косвенной, для многих других заболеваний, приведенных выше. По данным ВОЗ Россия самая курящая страна в мире, в среднем в день россиянин выкуривает 17 сигарет, то есть практически пачку. Безусловно, еще одной проблемой является повышение числа курильщиков не только среди женщин, но и среди подростков. Причем с каждым годом возраст для начала курения снижается, что также является отрицательной тенденцией, и влияет на демографическую обстановку в стране.

Итогом всех вышеперечисленных проблем является низкая продолжительность жизни населения. Здесь стоит сразу разграничить два таких показателя, как ожидаемая и фактическая продолжительность жизни. Ожидаемая продолжительность жизни (ОПЖ) – это сумма человеко-лет данного поколения, делённая на изначальную численность этого поколения. Как становится понятно, ОПЖ - это условный, абстрактный показатель, за которым не стоит какая-либо реальность, ведь он вычисляется при предположении, что смертности поколений в будущем не изменятся, хотя на деле это не так. А вот показатель фактической продолжительности жизни был бы практически значим и понятен, но его не публикуют и не вычисляют. Вместо него во всех демографических таблицах царит ОПЖ. Такой порядок утверждён на глобальном, международном уровне. Прекрасный способ продемонстрировать как бы открытость статистики, заботу об информировании населения, и в то же время не сообщить реальную картину, заменив её абстрактными показателями. Когда говорят о продолжительности жизни, всегда называют данные ОПЖ, но на самом деле показатели ОПЖ по величине превосходят фактические показатели для одного и того же года.

В России, безусловно, существует проблема не только низкой продолжительности жизни, но и большого разрыва в продолжительности жизни мужчин и женщин (см. таблица 3). Данные, предоставленные ГКС, весьма удручающие, на 2012 год разница в продолжительности жизни у мужчины и женщин составляет более 11 лет, а средняя продолжительность жизни всего населения только-только перешагнула рубеж в 70 лет. Более того стоит делать поправку на то, что уже было сказано выше – все это лишь ожидаемая продолжительность жизни, а значит эти данные не показывают реального положения дел в стране, и являются более оптимистичными. Однако, даже если сравнивать страны по показателю ОПЖ, то Россия даже не входит в топ-100 стран мира по продолжительности жизни. Так, первое место занимает Япония со средней продолжительностью жизни населения 83 года, среди женщин – 85,6 лет, среди мужчин – 78,7 лет [3].Безусловно, если смотреть данные в динамике, то за последние 5 лет показатель ОПЖ в стране растет, хоть и небольшими темпами. Но проблема все равно остается – продолжительность жизни в России остается на крайне низком уровне по сравнению не только со странами Европы, но и странами Азии в том числе.

Таблица 3. Ожидаемая продолжительность жизни в России (по данным ГКС), лет

Год	ОПЖ всего населения, лет	ОПЖ женщин, лет	ОПЖ мужчин, лет
2007	67,6	74	61,5
2008	68	74,3	61,9
2009	68,8	74,8	62,9
2010	68,9	74,9	63,1
2012	70,24	75,86	64,56
2013	71,3	76,9	65,5

Источник: составлено авторами на основе данных российского статистического ежегодника [Электронный ресурс] – Режим доступа: Официальный сайт федеральной службы государственной статистики.

Еще одна проблема современной демографической ситуации в России, а также одновременно и последствие некоторых вышеуказанных причин – соотношение мужчин и женщин соответствующих возрастных групп (см. рисунок 3). Как видно на диаграмме, изначально мальчиков рождается больше, чем девочек (1000 на 950 соответственно), Выравнивание происходит где-то 25-30 годам, когда на 1000 мужчин приходится порядка 990 женщин. Однако, чем дальше, тем ситуация становится только хуже. Так, начиная с 30 лет число женщин по отношению к мужчинам стремительно возрастает, хотя, учитывая причину данного процесса, логичнее сказать, что число мужчин сокращается быстрее, чем число женщин соответствующей возрастной группы. Получается, что у мужчин в возрасте 25 лет происходит резкий скачок смертности, и после этой возрастной отметки количество мужчин все больше и больше сокращается. В итоге к 70 годам выходит, что на 1000 мужчин приходится 2379 женщин, т.е. получается, что на 1 женщину приходится 0,4 мужчины, таким образом, 6 из 10 женщин в возрасте 70 лет и более являются одинокими. Причем стоит отметить, что в 2008-2011 годах ситуация была еще хуже, и разрыв был еще большим. Так, например, в 2008 году в возрастной категории 25-29 лет на 1000 мужчин приходилось 997 женщин (при тех же данных за 0-4 года, что и в 2012 году), то есть смертность среди мужчин во время кризиса данной возрастной группы была намного выше.

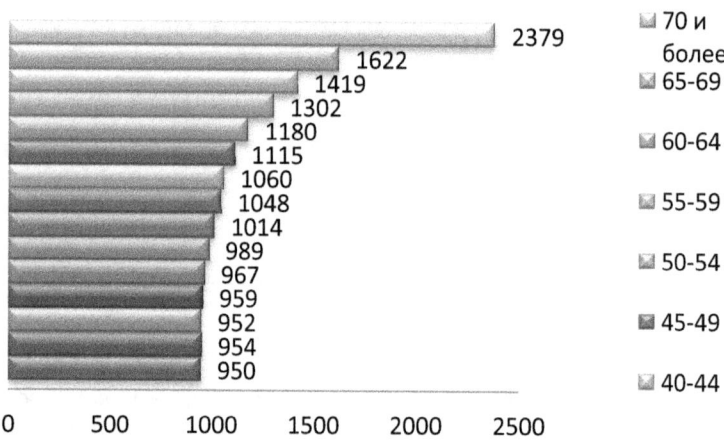

Рисунок 3. Число женщин на 1000 мужчин соответствующей возрастной группы, 2012г.

Чтобы подытожить данные о заболеваниях в России, стоит привести несколько рейтингов, подтверждающих приведенную статистику. Так, по данным американского агентства Bloomberg, составившим рейтинг стран мира по состоянию здоровья населения на 2012 год, Россия занимает 97 место из 145 возможных (см. таблицу 4). Показатель индекс здоровья учитывал ожидаемую продолжительность жизни, смертность населения и ее основные причины, а также число доживших до 65 лет. Второй показатель рассчитывался на основе уровня потребления табачных изделий и алкоголя на душу населения, процент физически неактивного населения, процент населения с избыточным весом, а также различные экологические показатели. Весьма показательным является тот факт, что Россия находится на одном уровне со странами, которые страдают от последствий военных действий и гражданских войн.

Таблица 4. Рейтинг стран мира по уровню здоровья в 2012г.

Рейтинг	Страна	Индекс здоровья	Индекс рисков для здоровья
89	Непал	39,48	6,04
94	Бангладеш	34,14	4,76
97	Россия	33,76	7,31
98	Ирак	32,30	6,82

Источник: «The World'sHealthiestCountries 2012» [Электронный ресурс] – Режим доступа: Агентство финансово-экономической информации Bloomberg

Стоит также отметить, что второй показатель индекса рисков для здоровья является очень высоким, самое максимальное значение – 8 баллов только у Лесото и Свазиленда. Данный рейтинг только подтверждает тот факт, что современная демографическая ситуация в России оставляет желать лучшего, несмотря на улучшение многих показателей в динамике за последние 20 лет.

Итак, на основе приведенного анализа можно сделать вывод, что главная проблема в России на данный момент – это естественная убыль населения. Она вызвана такими факторами, как высокий уровень смертности, низкий уровень рождаемости, низкая продолжительность жизни, тенденция снижения возраста у курильщиков, а это приводит к раннему развитию многих заболеваний и в дальнейшем возникновению бесплодия, что снова приводит нас к низкому уровню рождаемости. Также, на данный момент существует низкий уровень профилактики различных заболеваний, а также не всегда качественное/своевременное медицинское обслуживание. К сожалению, в России не последнюю роль играет менталитет, из-за которого население до последнего не идет в больницу не то, что для ежегодного обследования, а даже в случае плохого самочувствия. Не последнюю роль в сложившейся ситуации играет экономическая ситуация в стране, ведь для повышения уровня рождаемости нужна уверенность не просто в завтрашнем дне, а в долгосрочном будущем, что в России не реализовывается в полной мере. Низкий уровень жизни населения по статистическим данным зарубежных агентств только подтверждает сказанное выше.

Литература
1. Российский статистический ежегодник. 2012 г.
2. **Статистические показатели мирового развития за 2012 год [Электронный ресурс] – Режим доступа:** Официальный сайт группы Всемирного банка
3. «The World'sHealthiestCountries 2012» [Электронный ресурс] – Режим доступа: Агентство финансово-экономической информации Bloomberg
4. Эксперт: количество курильщиков сократится вдвое // Официальный сайт телевизионного канала Вести.URL: http://www.vesti.ru/doc.html?id=1031930 (13.02.2013)

PARADIGM OF THE MODERN WORLDCREATIVE CITYDEVELOPMENT
R. M. Kramarenko
SHEI "Kyiv National Economic University named after Vadym Hetman", Kyiv, Ukraine, moia.kneu@ukr.net

Active development of the world's largest cities during the last 50 years contributed significant changes to their dynamics and subsequently caused sectoral and structural changes of motivation assessment of the megapolis new positions in global competitive environment. Therefore, the obvious dilemma emerged: which paradigm can be used for the development of a new urban conception – "Homo economicus", explaining the economic component of social progress and, therefore, justifying the increase of inequality in cities development, or Homo sociologicus providing general understanding of social processes dominating in the world which, however, in identification of nature and dynamic of urban trends, focuses mainly on assessment of social transformations that happened during the certain period of time.

According to one of the founders of a new interpretation of "paradigm", American philosopher T. Kuhn, this definition is nothing else but a new system approach to a previously existed subject and implies utilization of the complex instruments and institutions ensuring high level of programmed results validity within the existing hypothesis [1]. Therefore, there are considerable differences between two abovementioned paradigms that were clearly defined by R. Svedberg at the beginning of 90sof 20thcentury [2, p.22].Both, paradigms were self-sufficient but had considerable differences in the nature of its function (individual in Homo economicus and collective in Homo sociologicus). In addition, the first one had a freedom of action and the opportunity of neoliberal justification of rational calculations advantages, understanding the market as an area of actions, multiple and decentralized decisions (this implied considerable decreasing of centralization and delegation of institutional decision-making to a local and supranational level, i.e. decentralization, in the regional and international economy). According to R. Svedberg, the paradigm of "Homo economicus" is characterized by analytical and abstract conceptions and the main goals for analysis will be expectations as explanations.

Other features, more attractive for the researches according to abovementioned scientist, constituted attributes of "Homo sociologicus". The supporters of this paradigm were confident that the social structure existing in the society determines its limitations and, as the result, provoke inertness in perception of innovative processes that generally are irrational by its nature and based on traditions and values of local population that were existing during the centuries. For example, it could be the immobility of territorial communities in the regional economy. The abovementioned paradigm recognizes the existence of the market but also add the existing society which influence can be decisive in some cases. It provides the following maxim for the determination principle – making decisions that are determined by political and social powers in this paradigm based on empirical conceptions that also are determined by the nature of social powers actions and their positions. From the perspective of "Homo sociologicus", one can see that any megalopolis should have a range of powers of social nature that are predetermined by domination of institutional and nonproductive functions in it.

The existence of poly-dynamic structure of economy is a characteristic feature of a modern megapolis and, therefore, the systems research of its functional basis considerably clarifies the possible perspectives of its global and local domination. Considering the above-mentioned it is possible to state that the most important features requiring further studying should include the following:

- hyper-concentration of production factors with further selection of their role in the process of strengthening of megapolis role, first of all, those possessing the rank of capital;
- existence of modern market infrastructure in megapolis which users include both national companies and international capital with its high demands to the quality;
- constantly growing institutional role of megalopolises that further assume the market powers and can influence global capital flows through TNC and TNB;
- rapid growth of creative resources concentration that caused significant influence and changes not only in city subculture of megapolises in postindustrial countries but also predetermined the conditions of the progressive technologies development in all aspects of human life;
- recently, the absorption of intellectual capital with following creativity of lifestyle in the city and increase of influence of a new network society model became the indicative feature of modern megapolises.

A lot of new trends emerged in the regional analysis in the first decade of 20 century. Particularly, T. Herrschel proposed new methodology approaches for separation peripheral and marginal aspects in regional growth [3, p.85-95], and his Swedish colleague, A.Lidström, proposed his model of redistribution of types of activity in capital regions by conducting comparative analysis of Sweden and USA megapolises and, as the result, justified the idea of further metropolisation as a dominating phenomenon of city growth (additionally, according to author's opinion, it is not so important whether cities have the status of capital or just conduct large-scale business activity) [4, p.129-131]. Meanwhile, a lot of scientific papers are published in modern scientific literature, in which authors strongly criticize dominating ideas of globalism by referring to the point that the disintegration is an important component of deglobalization (they assert that such process is still ongoing). According to D. Held and A. Mc Grew, the driving forces of such "reverse process of global economy lie in a new structure of borders, nationalism, protectionism and localism" [5, p.2].

Decrease of production potential of megapolises and increase of their innovative and institutional components, as well as considerable reduction and even lack of production function which developed these cities considerably affected producing of new approaches while determining a new mission of largest cities in the world. Sensation book by American economist R. Florida "The Rise Of The Creative Class" [6] literally divided USA into two groups of people who strongly supported his theory of creative class in the cities and those who strongly opposed it. The subjects for analysis by the researcher were the phenomena which previously remained unnoticed, for example, city tolerance and category classification of workers which, according to analytics, were belonging to service sector. According to author's estimation, there were 38 millions of such people in USA in 2000, i.e. 30% of whole work force [6, p. 8]. R. Florida considers that this new class is composed of highly educated professionals including specialists in business, finances, law, insurance and representatives of art professions – artists, engineers, musicians, writers, computer specialists, scientists, etc. Author asserts that the demand on their activity will constantly grow and the largest world cities will act as some kind of «magnets» for such activity. According to author's estimation, investments into such creative area as R&D grew by 50 times in USA in the period from 1953 to 2000[6, p. 45]. At the same time creativity of the city economy cannot last indefinitely since its separation from production always lead to increase of cost of living and it becomes obvious in the main megapolises of the world. Therefore in the science literature numerous authors raise a question about cities identification, including those with dominating production and cities with predominantly consuming function.

British researchers A. Rike, A. Rodrigues – Pose, J. Tomaney also decided to trace the possibility to use of basics of endogenous growth methodology in the theory of local and regional growth. The main components of such model, according to their opinion, should be the following:

- state and private investments in education → local and regional economic and social networks → development and transmission of innovations → endogenous technical progress (R&D expenses) → goods production (labor expenses);

- regional savings → new capital investments → use of resources on the stock exchange markets → human capital → goods production (labor expenses) [7, p.104].

Therefore, the model of economic growth, proposed by British scientists, is based on internal resources and has advantages (for example, creation of joint clusters with business, technoparks, technopolis, etc)as well asdisadvantages (any region, including megapolis, can't be treated as an entity separated from the world economyand the impact of world financial, resource and information flows will affect the largest world's cities). Therefore, one should consider the following aspects in the process of creation a new paradigm of the cities development:

- firstly, megapolis of any country is a highly localized type of settlement with high concentration of creative, institutional and, partially, productive capital;

- secondly, realization of the market potential, transformation and, to some extent, social infrastructure expansion is limited by geographical location of the city. Therefore, further development of megapolises should be based on improvement of structural elements of its economy and its technical modernization;

• thirdly, migration capability of creative class within megapolis is high and may cause both the city "prosperity" or its decay, i.e. there are considerable globalization risks.

The development of a new paradigm of creative city growth is mostly based on the understanding that the currently existing paradigms do not reflect the nature and lines of fundamental research of society, which undergoes constant modernization since the development of production, social and intellectual networks become more complicated each year. The "Homo economicus" and "Homo sociologicus" created necessary conditions for the transition to information society while the further metropolisation of social life(at present not only in leading countries)always lead to the necessity of a new understanding of the role of mega-(metro)polises in the process of establishment of a new highly dynamic global market, and there is obvious necessity for development of a new paradigm which we call" Homo metropolicus". Strictly speaking, such considerations of many European and American scientists have generated a range of new conceptions and each of them, according to their opinion, can be transformed into self-sufficient theory in the course of time. Such trend became particularly obvious within the last three years.

Some scientists continue consider the issue of further cities and territories creative development from the perspective of agglomerations, allowing existence of global metropolis growth phenomenon in the process of studying [8]. While separating any sectoral paradigm it is highly important, as it was emphasized earlier, to pay maximum attention to external factors that are hard for determining under conditions of network society development and strengthening of direct and indirect resource flows processes, and to assess their importance in the process of modernization and constant transformation of a megapolis.

References

1. Kun T. The structure of scientific revolutions. Trans. from Eng.- M.: Progress, 1975.- p. 256.

2. Socio-economics. Toward a New Synthesis/ A.Etzioni, P.A. Lawrence.-NY-London: M.E. Sharpe, 1991.-p.22.

3. Siebert H. Locational Competition: A Neglected Paradigm in the International Division of Labour / Horst Siebert // The World Economy. – 2006. – №2(29).- p. 137-159

4. Herrschel T. Regional Development, Peripheralisation and Marginalisation – and the Role of Governance / Role of regions?

Networks, Scale, Territory – Kristianstads Boktrychery, Sweden, 2011. - p.85-102.

5. Lidström A., Sellers J. Governance and Redistribution in Metropolitan Areas – a Swed - US Comparison / Role of regions? Networks, Scale, Territory – Kristianstads Boktrychery, Sweden, 2011.- p.125-145.

6. Florida R. The Rise of the Creative Class. And How It's Transforming Work, Leisure, Community and Everyday Life. - New York, 2004. - 434 p.

7. Pike A., Rodriguer – Pose A., Tomaney J. Local and Regional Development. - London: Routledge, 2006. - 310 p.

8. Mc Combie J., Felipe J. Agglomeration Economies, Regional Growth, and the Aggrigate Production Function: A Caveat Emptor for Regional Scientists / Jesus Felipe, John Mc Combie // Spatial Economic Analysis.-2012. - № 4. - Р. 461-484.

ЗНАЧЕНИЕ СИСТЕМЫ УПРАВЛЕНИЯ КАЧЕСТВОМ ДЛЯ ПРЕДПРИЯТИЯ НА ПРИМЕРЕ TQM
Дмитрий Владимирович Крылов
Магистрант «международного менеджмента» 6-го курса РУДН, г. Москва, Россия

Во всем процветающем мире общепринято считать именно конкуренцию двигателем прогресса практически в любой сфере нашей жизни. Конкуренция рождает у компании стремление стимулировать производство товаров и услуг. Стремление стимулировать производство товаров, конкурентоспособных на мировых рынках, инициировало создание нового общеорганизационного метода непрерывного повышения качества всех организационных процессов, производства и сервиса. Этот метод и получил название — всеобщее управление качеством. Таким образом, все-таки именно «управление качеством» остается нишей возможностей для любой компании, будь то автомобильный концерн мирового масштаба или семейный продовольственный магазин. Мы живем в веке технологий, а значит, качество играет одну из решающих ролей в окончательном выборе потребителя. Чтобы оперативно, эффективно, а главное, качественно вести коммерческую деятельность необходимо использовать модель TQM для рационализации процесса. Так же модель TQM укажет на недостатки качества, процесса производства в целом и используемого сырья. В этом и заключается высокий приоритет важности изучения этой области менеджмента.

Таким образом каждая организация, заинтересованная в коммерческой цели должна иметь собственную систему управления качеством или «СМК». СМК является частью системы менеджмента организации, направленной на удовлетворение потребностей, ожиданий, требований заинтересованных сторон достижения результатов в соответствии с целями в области качества. Цели в области качества дополняют другие цели организации, связанные с развитием, финансированием, рентабельностью, окружающей средой, охраной труда и безопасностью. Различные части системы менеджмента качества в единую систему менеджмента, использующую общие элементы. Это может облегчить планирование, выделение ресурсов, определение дополнительных целей и оценку общей эффективности организации. Система менеджмента организации может быть оценена на соответствие собственным требованиям организации. Она может быть таким образом проверена на соответствие требованиям международных стандартов.

Все эти усилия направлены на то, чтобы сделать продукцию конкурентоспособной. Чтобы продукция стала конкурентоспособной, она должна выполнять свои функции лучше, чем аналогичная, обладать большей надежностью или иметь другие свойства, существенные для потребителя, чем та, что предлагается другими производителями.

Однако, конкурентоспособной может оказаться также продукция равного качества и даже несколько уступающая конкурирующей, поскольку к числу условий, интересующих потребителя, относятся также его привычка к определенной продукции, марке, фирме, какой-либо особенной черте продукции, семейная традиция или другие подобные факторы. На конкурентоспособность продукции в последнее годы все большее влияние оказывает возможность изготовителя поставить ее потребителю раньше своих конкурентов и обеспечить лучшее обслуживание, лучший сервис.

Продукция может оказаться конкурентоспособной и случайно. Такая ситуация случается при определенных экономических и организационных условиях. Если производителю повезло и его продукция волею случая оказалась конкурентоспособной, то ему нужно, во-первых, выяснить возможно точно причины, обусловившие этот случай, а во-вторых, успеть принять меры по сохранению своего выигрышного положения. Всегда нужно уметь сориентироваться в сложившейся ситуации, чтобы своевременно в ней преуспеть. Тем ни менее, неотъемлемой частью TQM остается уровень качества продукции.

Уровень качества продукции - это относительная характеристика ее качества, основанная на сравнении значений показателей качества оцениваемой продукции с базовыми значениями соответствующих показателей. За базовые могут приниматься значения показателей качества лучших отечественных и зарубежных образцов, по которым имеются достоверные данные о качестве, а также достигнутые в некотором предыдущем периоде времени или найденные экспериментальными теоретическими методами.

В свою очередь появлению модели TQM мы обязаны последнему этапу истории управления качеством и мотивацией. Пятый этап – всеобщий (тотальный) менеджмент качества с учетом требований и потребностей общества, владельцев, потребителей и служащих (1990-е гг.). Усиливается влияние общества на предприятия, а предприятия стали все больше учитывать интересы общества. Это привело к появлению стандартов ИСО 14000, устанавливающих требования к системам менеджмента с точки зрения защиты окружающей среды и безопасности продукции. Усиливается внимание руководителей предприятий к удовлетворению потребностей своего персонала.

Благодаря модели TQM концерн «Volkswagen» создал себе успешную позицию на рынке и в данный момент строит долгосрочные планы для дальнейшей экспансии под названием «стратегия 2018».

Так, например прибыль концерна Volkswagen в 2012 году превысит показатели предыдущего года. Это также станет результатом консолидации MAN SE от 9 ноября 2011 года; выплаты доходов будут ограничены вследствие списаний, необходимых для распределения покупной цены.

Целью является достижение операционной прибыли на уровне 2011 года. Позитивное влияние привлекательности модельного ряда и сильных позиций на рынке будет частично нивелировано растущей жёсткой конкуренцией в сложных условиях, особенно в некоторых европейских странах. Тем не менее, контроль затрат, управление инвестициями и дальнейшая оптимизация процессов останутся ключевыми элементами программы Volkswagen «Стратегия 2018».

В процессе проделанной исследовательской работы при написании этой статьи автором были сделаны следующие выводы:
— Предприятия, не использующие менеджмент качества в необходимой мере, начинают работать в несколько раз эффективней, когда в них появляется управление качеством

- Эффективность модели TQM заключается в комплексном подходе к управлению качеством, а именно: контроль качества сырья, контроль качества производства, контроль конечной продукции
- Все процессы организации взаимосвязаны, поэтому повлияв на один, так или иначе оказывается влияние на всю организацию
- Нет предела для совершенства, поэтому нужно постоянно работать над качеством, и соответственно, наука «управление качеством» будет непрерывно развиваться вместе с менеджментом.

ЗАРУБЕЖНЫЙ ОПЫТ КЛАСТЕРНОЙ ОРГАНИЗАЦИИ ПРОИЗВОДСТВА
Т. И. Максимова
ФГАОУ ВПО Волгоградский государственный архитектурно-строительный университет, г. Волгоград, Россия,
tam010@yandex.ru

Кластерная форма организации производства в последние десятилетие вызывает интерес у представителей бизнес-сообщества, правительства и общества. Мировая практика применения кластерного подхода к организации промышленности показывает положительные результативные примеры. Изучение зарубежного опыта позволит выделить наиболее концептуальные особенности и принципы, модели кооперации и адаптировать их к российским условиям.

Под кластером будем понимать систему взаимовыгодных отношений хозяйствующих субъектов и организаций инфраструктурного обеспечения с целью формирования конкурентных преимуществ. При этом процесс формирования кластера происходит под действием процессов конкуренции и кооперации. В условиях стабильного экономического климата, благоприятных инвестиционных и институциональных условиях, а также стремясь завоевать определенную нишу на рынке, к примеру, региональном, предприятия конкурируют между собой. При ослаблении экономической ситуации, с одной стороны, а также с целью дальнейшего удержания конкурентных позиций и выхода на международный уровень, с другой стороны, предприятия заинтересованы уже в кооперации. Гибкость и адаптивность системы к внешним экономическим условиям, позволяет говорить о кластере как о наиболее перспективной форме бизнес-интеграции.

Рассмотрим наиболее яркие мировые примеры подобной интеграции. К примеру, японские кейрецу («Тойота », «Хитачи», «Ниссан» и др.). Это исторически сложившая форма кооперации бизнеса, представляющая собой сеть предприятий и банковского сектора. Известно два типа кейрецу - горизонтальный и вертикальный [2]. В первом случае кейрецу представляет банки сгруппированные вокруг него большое число компаний производителей и поставщиков связанных и несвязанных отраслей. Все производимые товары и услуги потребляются исключительно членами кейрецу. В вертикальных кейрецу предприятия притягиваются в основном из одной отрасли и сосредотачиваются вокруг основной компании. Они включают поставщиков и дистрибуторов, которые обеспечивают работу крупного производителя в ядре кейрецу.

Кейрецу от традиционных холдингов отличает перекрестное владение акциями друг друга (1-2%). Таким образом, партнеры сохраняют значительную долю независимости, при этом являясь совладельцами бизнеса друг друга. При этом существуют примеры без акционерного участия на основе долгосрочных контрактных отношений (головная компания «Тойота» не владеет акциями поставщиков). Определенно, что подобная форма финасово-промышленной интеграции предполагает определенные преимущества для участников: разделение результатов от совместного взаимодействия, заинтересованность в прогрессивном развитии друг друга, снижение рисков, затрат и трансакционных издержек, защита от недружественных поглощений, прозрачность партнерства, социальную устойчивость.

Другим примером процесса интеграции бизнеса служит феномен южнокорейского чеболя («Самсунг», «Хендэ», «Дэу», «Киа» и др.) - финансово-промышленная группа, объединяющая по вертикали компании различных отраслей. Специализация чеболя различна и одновременно может включать несколько крупнейших направлений. К примеру, среди отраслей специализации чеболя «Хендэ» является автомобилестроение, электротехническая промышленность, судостроение, строительство и др. Одна из крупнейших чеболь "Самсунг" имеет свои мощности в текстильной промышленности, целлюлозно-бумажной, в производстве микросхем и электрического оборудования, металлообрабатывающей отрасли, военной технике, судостроении, оптовой и розничной торговли, имеет свою страховую компанию, газету, радиостанцию, гостиницы, клиники, и даже университеты [3]. Для чеболя характерен принцип единоличного контроля и владения головной компанией (представленной членами одной семьи) другими предприятиями и строго очерченные границы подчиненности, поэтому полноценным кластером его считать категорически нельзя. При всех видимых положительных с точки зрения роста молодой экономики Южной Кореи, положения на мировом рынке корейских производителей, объема экспорта и прибыли, для чеболя существует ряд рыночных «ловушек»: монополизация внутреннего корейского рынка, как известно, снижает конкуренцию, поэтому для чеболь существует риск медленного реагирования на меняющиеся условия внешней рыночной среды.

Форма интеграции предприятий в Италии представляет собой индустриальные округа - географически сконцентрированное объединение малых и средних предприятий. Количество таких фирм может варьировать от нескольких десятков до тысяч. Кооперация в данном случае малых предприятий с наиболее крупным в отрасли дает возможность им представлять продукцию на внешнем рынке. В итоге малый и средний бизнес приобретает конкурентные преимущества и большие возможности для развития, экспортируя около 40% своей продукции. При этом малый и средний бизнес сохраняет свою независимость и получает возможность одновременно сотрудничать с иностранными компаниями. Для индустриальных районов характерны территориальная компактность, высокое качество и конкурентоспособность производимой продукции, низкие затраты на управление, прозрачность ведения бизнеса, устойчивость, долгосрочные контрактные отношения. Следует отметить тот факт, что в Италии государство активно поддерживает производителей конкурентной продукции, предоставляя им налоговые и экспортные преференции, кредитные гарантии, инвестиционные программы, консалтинг.

В США одним из представителей кластерной организации производства является «Силиконовая долина» - высокотехнологический центр сосредоточения университетов, научно-исследовательских организаций, высокотехнологичных компаний, финансовых институтов. Образование кластера произошло после Второй мировой войны на базе Стэнфордского университета, в распоряжении которого находилось 32 га земли. Потребность в дополнительном финансировании привела к идее сдавать землю в аренду в качестве офисного парка, при этом приоритет отдавался высокотехнологичным компаниям, которые получали возможность пользовать лизинговыми инструментами. При этом выпускники, молодые талантливые исследователи университета имели возможность работать на этих предприятиях. Географическая концентрация университета, высокотехнологического бизнеса и венчурного капитала привели к синергетическому эффекту - превращение территории в мировой инновационный центр электроники.

В Финляндии промышленность в основной массе «полностью кластеризована» [1, 40]. Выделены развитые, стабильные и латентные кластеры. Наиболее перспективным направлением признаны телекоммуникационный и лесопромышленный кластеры. Телекоммуникационный кластер «Нокиа» (информационные и компьютерные технологии) имеет вертикальную структуру, при этом основная часть продукции выпускается головной компанией. В кластере создана эффективная система образования, система развития инновационных технологий, сеть связанных производств и услуг и прочие обладают самостоятельной ценностью и формируют условия для развития устойчивых конкурентных преимуществ [1, 40]. На фоне недостатка природных и энергетических ресурсов возникла необходимость поиска альтернативных путей развития. Созданные государством партнерские отношения с бизнес-сообществом, коммуникационные и консультационные площадки позволили привлечь крупные корпорации («Нокиа», «Сименс», «Майкрософт» и др.) и объединить их с сектором научных разработок, финасовыми организациями для получения синергетического эффекта в рамках кластера.

Мировой опыт кластеризации, безусловно, опирается на исторические, географические, социальные и культурные особенности развития государств. Однако можно выделить ряд общих концептуальных особенностей кластера: географическая концентрация; наличие экономических границ; равенство и независимость участников; высокая плотность экономических связей между участниками кластера; принадлежность участников кластера к смежным отраслям и функционально близким видам деятельности; присутствие сильной компании - «ядра» в вертикальном кластере; наличие связанных инфраструктурных объектов; признаки сетевой системы связей участников кластера; наличие коллективного бренда.

В итоге можно смело говорить о том, что интеграция предприятий, государства, финансового сектора и исследовательских организаций имеет положительные результаты для экономического развития стран. Именно кластеры являются индикаторами конкурентных преимуществ определенной территории, а кластерный подход к организации производства позволяет реализовать экономические возможности территорий.

Литература
1. Наджафов, В.Н. Обзор зарубежного опыта внедрения кластера. / В.Н. Наджафов В.Н. // Вестник Московского государственного экономического университета. Серия «Экономика» - № 4, 2009г.. - С.36-43.
2. Вешкин, Ю.Т., Аваганян, Т.Я. Банковские системы зарубежных стран: Курс лекций. - М., Экономистъ - 2004. - С.311.
3. Феномен «чэболь» / Российско-корейское информационное агентство // Режим доступа: http://www.ruskorinfo.ru/wiki/chebol/

УПРАВЛЕНИЕ ЧЕЛОВЕЧЕСКИМИ РЕСУРСАМИ КАК ВАЖНЕЙШИЙ ФАКТОР РАЗВИТИЯ ПРЕДПРИЯТИЯ
Е. В. Мелентьева
ФГБОУ ВПО Ухтинский Государственный Технический Университет, г. Ухта, Россия, 89121046011@rambler.ru

Процесс управления человеческими ресурсами на предприятии будет эффективен лишь в том случае, когда имеется стратегия, а также взаимосвязь между стратегией, политикой и системой управления. При этом важно, чтобы цели были поставлены правильно и система управления человеческими ресурсами выстроена таким образом, чтобы работать на достижение этой цели [1].

Слово «стратегия» произошло от греческого «stratis» – войско и «ago» – веду или «strategos». Стратегия – это искусство генерала. Именно стратегия позволила Александру Македонскому завоевать мир.

Чтобы быстро понять что есть миссия и стратегия предприятия и насколько они важны, можно представить Предприятие кораблем, который путешествует по неспокойным водам экономики, а те или иные экономические процессы – есть подводные рифы и течения. Миссия и стратегия предприятия – курс корабля, а от грамотных и слаженных действий капитана и его команды зависит как долго этот корабль будет плыть. И каждый матрос, каждый член команды, вносит свой неоспоримый вклад в это плавание.

Человек всегда представлял собой ключевой и самый ценный ресурс во всех сферах жизни. Медицина, архитектура, искусство, строительство – нет такой области, которая развивалась бы без участия в ней человека. И экономика – не исключение. Мировые кризисы, движение денежных потоков, всемирные финансовые организации – результаты деятельности людей. За всеми глобальными и локальными событиями в экономике стоит человек. Весь процесс выработки новой продукции – это процесс использования знаний, навыков, умений, потенциала каждого работника предприятия. Управление предприятием – это грамотное применение и распределение человеческих, финансовых и материальных ресурсов. Но ключевыми являются все же человеческие. Именно они приводят в движение, организуют взаимодействие всех остальных систем. В производстве все ресурсы находятся во взаимосвязи, но только их взаимодействие означает финансовую эффективность.

Для того чтобы каждый работник индивидуально, или в коллективе, вносил свой вклад в достижение целей предприятия, на предприятии должна быть четко сформулированная стратегия управления человеческими ресурсами. Управление человеческими ресурсами направлено на помощь в приобретении и удержании необходимой квалифицированной, приверженной и мотивированной рабочей силы, развитии внутренних способностей людей, становлении практики, ориентированной на признание управленцами ценности сотрудников, формирование среды, благоприятной для командной работы.

Основная часть жизни каждого человека протекает в организованной трудовой деятельности. В этой ситуации управление персоналом организации становится особо значимым, поскольку оно оказывает непосредственное влияние на процессы формирования и развития личностного потенциала сотрудников, обеспечивает его профессиональную реализацию, адаптацию к внешним и внутренним условиям производственной среды. Актуальность изучения стратегии управления человеческими ресурсами обусловлена тем, что создавшаяся в нашей стране ситуация изменения экономической и политической систем одновременно несут как большие возможности, так и серьезные угрозы для каждой личности, устойчивости её существования, вносят значительную степень неопределенности в жизнь практически каждого человека.

Управление человеческими ресурсами в такой ситуации приобретает особую значимость: оно позволяет обобщить и реализовать целый спектр вопросов адаптации человека к внешним условиям, учет личностного фактора в построении системы управления персоналом организации. Оно включает несколько элементов.

Важнейшим элементом стратегии управления человеческими ресурсами является четко сформулированная миссия предприятия. Миссия предприятия - это основная цель предприятия, выраженная в виде единого документа. Правильно сформулированная миссия,

которая доступна для понимания и в которую верят, будет весомым стимулом для достижения стратегических задач. Миссия может включать следующее:
- Провозглашение убеждений и ценностей.
- Рынки, на которых будет работать предприятие.
- Технологии, которые будет использовать предприятие.
- Политика предприятия по достижению целей.

Четко сформулированная миссия вдохновляет и побуждает, дает возможность сотрудникам предприятия проявлять инициативу, формирует главные предпосылки успеха деятельности предприятия при различных воздействиях на нее со стороны внешней и внутренней среды.

Субъектом управления человеческими ресурсами являются работники предприятия. Объекты управления – это цели и задачи стратегии, потенциал персонала, время, личные качества каждого сотрудника, работающего на предприятии. Также субъектами управления могут являться отношения и труд. Объектами управления в таком случае будут внутренняя психологическая удовлетворенность каждого работника, взаимоотношения в коллективе, взаимоотношения в процессе труда и продукт, процессы, средства производства, инфраструктура соответственно.

Условия и закономерности, обеспечивающие разработку и реализацию стратегии управления человеческими ресурсами в соответствии с общей стратегией организации - есть то, что должен понимать каждый менеджер, желающий раскрыть производственный потенциал предприятия.

Таким образом, поколение управленцев эпохи глобализации сталкивается с тем, что помимо опыта, необходимо уметь четко сформулировать миссию предприятия, сформулировать стратегию развития и стратегию управления человеческими ресурсами. Менеджеру необходимо осознавать, что от его видения и понимания целей предприятия, от способности сформулировать их в стратегию и «донести» до каждого работника, зависит будущее системы, все элементы которой работают в тесной взаимосвязи друг с другом.

Литература

1. Журнал: «Управление персоналом», # 1, 2009 г., Организация управления человеческими ресурсами на предприятии [Текст], Саубанова Л.В., ИД Управление персоналом.

БУХГАЛТЕРСКИЙ УЧЕТ ЛИЗИНГОВЫХ ОПЕРАЦИЙ: НАПРАВЛЕНИЯ СОВЕРШЕНСТВОВАНИЯ

А. Б. Плисова

ФГБОУ ВПО Московский государственный университет приборостроения и информатики, г. Москва, Россия, alla_mae@mail.ru

В последнее время в Российской Федерации происходит совершенствование налоговой системы в части лизинговых операций в виде пересмотра законодательства, что порождает значительное множество спорных моментов, на которые пытаются ответить ведущие ученые и практики.

Следует выделить две основные группы вопросов, которые вызывают наибольшие дискуссии:
- совершенствование нормативно-правового регулирования учета лизинговых операций;
- несовершенство налогового законодательства в области лизинга.

Несовершенство нормативно-правового регулирования вызывает ряд проблемных моментов в учете лизинговых операций. Например, условия лизинговых договоров не стандартизированы.

Поэтому у бухгалтеров возникают различные сложности, например, выбор вариантов учета первоначального лизингового платежа. Порядок налогового и бухгалтерского учета рассматриваемого платежа зависит от его юридической квалификации по условиям лизингового договора. Каждую лизинговую сделку необходимо анализировать в целях надлежащего отражения операций по такому договору в учете.

Рассмотрим в таблице 1 недостатки в учете лизинговых операций и рекомендации по их устранению.

В отношении первоначального лизингового платежа существует два варианта, встречающиеся в лизинговых договорах:
- первоначальный лизинговый платеж является авансовым и зачитывается в течение установленного договором лизинга срока в счет текущих лизинговых платежей;
- первоначальный лизинговый платеж является текущим лизинговым платежом.

Таблица 1 - Недостатки в учете лизинговых операций и рекомендации по их устранению

Недостаток	Рекомендации по устранению недостатка
Недостатки в учете лизинговых операций	Правильное оформление договора лизинга и документов по покупке лизингового оборудования
Недостатки при начислении ускоренной амортизации	Начисление амортизации, установление срока полезного использования по предмету лизинга, учитываемому на балансе, должно осуществляться в общем порядке в соответствии с Положением по бухгалтерскому учету "Учет основных средств" ПБУ 6/01. Срок полезного использования предмета лизинга не может быть меньше срока договора лизинга.
Некорректный учет понесенных расходов лизингополучателем по доставке предмета лизинга	Если предмет лизинга ввозится на территорию России, то уплачиваемые при ввозе таможенные пошлины являются расходами, непосредственно связанными с приобретением указанного амортизируемого имущества, а значит, подлежат включению в первоначальную стоимость предмета лизинга. Понесенные расходы по доставке и доведению предмета лизинга до состояния, в котором он пригоден к эксплуатации, не включаются в первоначальную стоимость предмета лизинга.
Недостаточное использование лизинга как источника кредитных ресурсов	Использование лизинга при покупке оборудования в качестве альтернативы прочим кредитным ресурсам

У обоих вариантов есть свои достоинства и недостатки.

При первом варианте такой платеж не учитывается в составе налоговых и бухгалтерских расходов до того момента, пока этот аванс (т.е. его часть) не будет учтен в счет текущих лизинговых платежей в соответствии с п. 14 ст. 270 НК РФ и п. 3 Положения по бухгалтерскому учету "Расходы организации" ПБУ 10/99. При этом может возникнуть ситуация, когда порядок зачета аванса не прописан в договоре.

Используя второй вариант, платеж следует учитывать в составе налоговых расходов в периоде его начисления за вычетом начисленной по лизинговому имуществу амортизации. Но это возможно только в том случае, если по условиям договора предмет лизинга учитывается на балансе лизингополучателя.

Начисление амортизации, установление срока полезного

использования по предмету лизинга, учитываемому на балансе, должно осуществляться в общем порядке в соответствии с Положением по бухгалтерскому учету "Учет основных средств" ПБУ 6/01.

Срок полезного использования предмета лизинга не может быть меньше срока договора лизинга.

Ускоренную амортизацию вправе применять при использовании способа уменьшаемого остатка.

В соответствии с п. 50 Методических указаний по бухгалтерскому учету основных средств начисление амортизации по объектам основных средств, являющимся предметом договора финансовой аренды, производится лизингодателем или лизингополучателем в зависимости от условий договора финансовой аренды.

В силу п. 54 Методических указаний при начислении в бухгалтерском учете амортизации основных средств способом уменьшаемого остатка по объектам финансового лизинга может применяться коэффициент ускорения в соответствии с условиями договора финансовой аренды не выше 3.

Статьей 31 Федерального закона от 29.10.1998 N 164-ФЗ "О финансовой аренде (лизинге)" предусмотрено, что стороны договора лизинга имеют право по взаимному соглашению применять ускоренную амортизацию предмета лизинга.

Договор лизинга - договор, в соответствии с которым арендодатель обязуется приобрести в собственность указанное арендатором имущество у определенного им продавца и предоставить лизингополучателю это имущество за плату во временное владение и пользование.

При этом в соответствии с п. - 20 ПБУ 6/01 определение срока полезного использования объекта основных средств производится исходя из:

— ожидаемого срока использования этого объекта в соответствии с ожидаемой производительностью или мощностью;

— ожидаемого физического износа, зависящего от режима эксплуатации (количества смен), естественных условий и влияния агрессивной среды, системы проведения ремонта;

— нормативно-правовых и других ограничений использования этого объекта (например, срок аренды).

Срок амортизации предмета лизинга с учетом применяемого коэффициента ускоренной амортизации не может быть меньше срока лизинга. Таким образом, срок полезного использования предмета лизинга, учитываемого на балансе, порядок начисления амортизации устанавливаются по общим правилам в соответствии с ПБУ 6/01. Срок полезного использования не может быть меньше срока договора лизинга. Лизингополучатель вправе применять ускоренную амортизацию, если это установлено договором лизинга и если начисление амортизации у лизингополучателя производится с применением способа уменьшаемого остатка.

В силу п. 1 ст. 257 НК РФ первоначальной стоимостью имущества, являющегося предметом лизинга, признается сумма расходов на его приобретение, сооружение, доставку, изготовление и доведение до состояния, в котором оно пригодно для использования, за исключением сумм налогов, подлежащих вычету или учитываемых в составе расходов в соответствии с НК РФ.

Таким образом, расходы, понесенные в соответствии с условиями договора лизинга, по доставке, доведению предмета лизинга до состояния, в котором он пригоден к эксплуатации (в том числе монтажные работы), не рассматриваются как расходы на приобретение амортизируемого имущества.

В связи с этим расходы, понесенные, по монтажу предмета лизинга не включаются в его первоначальную стоимость.

Следовательно, затраты по монтажу для целей исчисления налога на прибыль могут быть учтены в составе прочих расходов, связанных с производством и реализацией, при условии их соответствия критериям, указанным в п. 1 ст. 252 НК РФ, равными частями в течение срока действия договора лизинга с целью сближения с бухгалтерским учетом.

Если договор лизинга прекратил свое действие вследствие досрочного выкупа лизингополучателем предмета лизинга, полагаем, что часть не учтенных лизингополучателем расходов по доставке и доведению предмета лизинга до состояния, в котором он пригоден к эксплуатации, может быть учтена единовременно.

Свои особенности существуют при формировании стоимости лизингового имущества. Если предмет лизинга ввозится на территорию России, то уплачиваемые при ввозе таможенные пошлины являются расходами, непосредственно связанными с приобретением указанного амортизируемого имущества, а значит, подлежат включению в первоначальную стоимость предмета лизинга.

Понесенные расходы по доставке и доведению предмета лизинга до состояния, в котором он пригоден к эксплуатации, не включаются в первоначальную стоимость предмета лизинга. Однако такие расходы могут быть учтены для целей налогообложения прибыли при условии их соответствия критериям, установленным в ст. 252 НК.

Государственная пошлина, взимаемая в соответствии с законодательством о налогах и сборах за государственную регистрацию прав на недвижимое имущество и сделок с ним, является расходом, непосредственно связанным с приобретением основного средства и возможностью его использования. Так, в соответствии с п. 1 ст. 131 ГК РФ право собственности и другие вещные права на недвижимые вещи, ограничения этих прав, их возникновение, переход и прекращение подлежат обязательной государственной регистрации, за которую взимается государственная пошлина. Таким образом, на основании ст. 257 НК РФ уплаченная государственная пошлина за государственную регистрацию прав на недвижимое имущество и сделок с ним подлежит включению в первоначальную стоимость основных средств. При вводе в эксплуатацию указанных основных средств сумма государственной пошлины подлежит списанию через механизм начисления амортизации.

Однако в отдельных случаях уплата госпошлины напрямую может и не быть связана с приобретением амортизируемого имущества, а также доведением его до состояния, пригодного для использования. В такой ситуации затраты на госпошлину могут быть учтены в расходах по налогу на прибыль в соответствии с пп. 1 и 49 п. 1 ст. 264 НК РФ как прочие расходы, связанные с производством и (или) реализацией.

Согласно ст. 357 НК РФ плательщиками транспортного налога признаются лица, на которых в соответствии с законодательством Российской Федерации зарегистрированы транспортные средства, признаваемые объектом налогообложения в соответствии со ст. 358 НК РФ.

В соответствии со ст. - 20 Федерального закона от 29.10.1998 N 164-ФЗ "О финансовой аренде (лизинге)" предметы лизинга, подлежащие регистрации в государственных органах (транспортные средства, оборудование повышенной опасности и другие предметы лизинга), регистрируются по соглашению сторон на имя лизингодателя или лизингополучателя.

Согласно Правилам регистрации автомототранспортных средств и прицепов к ним в Государственной инспекции безопасности дорожного движения Министерства внутренних дел Российской Федерации, утвержденным Приказом МВД России от 24.11.2008 N 1001 "О порядке регистрации транспортных средств", предусмотрена возможность регистрации транспортных средств, используемых по договору лизинга, за одним из участников договора лизинга по их письменному соглашению.

Кроме того, указанными Правилами предусмотрена также

возможность временной на срок действия договора лизинга регистрации за лизингополучателем транспортного средства, зарегистрированного за лизингодателем.

Таким образом, если транспортные средства, находящиеся в собственности (но не зарегистрированные за ним), по договору лизинга переданы и временно зарегистрированы за лизингополучателем, плательщиком транспортного налога является лизингодатель.

Если по договору лизинга транспортные средства, в отношении которых осуществлена государственная регистрация за лизингодателем, временно передаются по месту нахождения лизингополучателя и временно ставятся на учет в органах Госавтоинспекции МВД России по месту нахождения лизингополучателя, то плательщиком транспортного налога является лизингодатель по месту государственной регистрации транспортных средств.

Лизинговые платежи составляют реальную основу финансово-экономических взаимоотношений субъектов лизинга. Отличительной особенностью и одновременно преимуществом лизинга является то, что платежи могут осуществляться на основе различных схем: лизингополучатель и лизингодатель выбирают и согласовывают наиболее удобный для обеих сторон способ по срокам платежей, а также определяют характер периодических выплат и их сумму.

Определение и обоснование состава, размеров лизинговых платежей и периодичности их осуществления являются наиболее важными элементами в организации лизинговых сделок, так как становятся для лизингодателя фактором его доходности, а для лизингополучателя - не менее важным фактором, определяющим величину его затрат. Собственно на величину лизинговых платежей в первую очередь влияют:

— организационная схема лизинга;
— состав учитываемых элементов платежа;
— применяемый метод начисления;
— форма расчетов между лизингодателем и лизингополучателем.

При изменении конъюнктуры рынка и, следовательно, условий хозяйствования лизингодателя, приведшем к ухудшению его финансового положения, условия договора лизинга могут быть пересмотрены. В соответствии с этим, при почти ежегодном пересмотре стоимости основных фондов, в договоре лизинга должны присутствовать конкретные условия, из-за которых может быть пересмотрена общая сумма лизинговых платежей, а вместе с ней оставшиеся периодические лизинговые платежи.

Таким образом, исходя из возникающих интересов и особенностей взаимоотношений субъектов лизинга, особенно важно до подписания договора оценить эффективность проекта в целом и использования лизинговой схемы (в т.ч. в сравнении с альтернативнымиметодами).

В качестве преимущества лизинга по сравнению с банковским кредитованием можно выделить следующие:

- доступность - решение об осуществлении лизинговой сделки основывается в большей степени на способность лизингополучателя генерировать достаточную сумму денежных средств для выплаты лизинговых платежей и в меньшей мере зависит от кредитной истории предприятия;

- не требуется дополнительного обеспечения - поскольку право собственности на объект лизинга сохраняется за лизингодателем, для осуществления сделки не требуется прочего обеспечения;

- гибкий график лизинговых выплат в соответствии с производственными циклами и потоками денежных средств- лизинговая компания при расчете лизинговых платежей в обязательном порядке учитывает финансовое состояние лизингополучателя, его пожелания по периодичности и размерам выплат.

МЕТОДИЧЕСКИЕ АСПЕКТЫ ОЦЕНКИ РЕЗУЛЬТАТИВНОСТИ УПРАВЛЕНИЯ ЧЕЛОВЕЧЕСКИМ КАПИТАЛОМ ОРГАНИЗАЦИИ
Т. Б. Саматова
Ухтинский государственный технический университет, Россия, tsamatova@ugtu.net

В настоящее время функционирование и развитие человеческого капитала, использование человеческого потенциала становится не менее важным, чем внедрение современных технологий. Мировые тенденции свидетельствуют о том, что развитие современного общества, обеспечение высокого уровня жизни происходит в непосредственной связи с накоплением человеческого капитала. В силу этого в современной экономической литературе основные аспекты человеческого капитала становятся интенсивным объектом научных исследований. Широко представлены работы зарубежных и отечественных ученых в области теории человеческого капитала, анализа, оценки и управления человеческим капиталом, методики оценки стоимости человеческого капитала предприятий (организаций).

Оценивая высокую значимость проведенных научных исследований следует отметить, что отдельные аспекты управления человеческим капиталом остаются дискуссионными или же они не получили адекватного теоретико-методологического и практического решения. Прежде всего, это сущность управления человеческим капиталом, **методические основы и инструментарий управления человеческим капиталом организации**, в соответствии со стратегией развития предприятия и особенностями отрасли. Это предопределило постановку цели и задач данной работы.

Человеческий капитал, как объект управления, имеет многоаспектный характер. Исходя из функционально-целевого и процессно-ориентированного подходов предлагается под управлением человеческим капиталом понимать – управление процессами (действиями), совершаемыми по отношению к элементам формирования человеческого капитала. Т.е. управление человеческим капиталом – это планирование, организация, контроль, координация, мотивация и анализ приобретения, сохранения, развития и эффективного использования всех элементов формирования человеческого капитала (способности, знания, профессиональный опыт, здоровье, культурно-творческий потенциал и др.) для достижения стратегических, тактических и оперативных целей и задач фирмы (организации).

В условиях возросшего интереса к человеческому капиталу, его значимости в принятии управленческих решений достаточно часто возникает проблема оценки и мониторинга эффективности управления человеческим капиталом. Анализ показал, что существующие методики по оценке эффективности управления человеческим капиталом не находят применения в отечественной практике, поскольку они громоздки, показатели четко не определены с точки зрения расчетов и использования, не учитывают особенности отрасли и деятельности предприятия, не устанавливают взаимосвязь между результатами работы управляющей и управляемой системами.

Основным принципом построения системы оценки результативности (эффективности) управления человеческим капиталом должна быть ее комплексность, при этом следует учитывать: направления и цели оценки; подразделения и должности персонала, осуществляющего оценку; методику оценки, отражающую методы и систему показателей оценки, процедуры и технологию оценки, виды и формы отчетов для групп пользователей; информационное обеспечение, которое позволит снизить время на сбор и обработку полученных данных и повысит оперативность принятия решений на основе этих данных.

Рассмотрим основные этапы методики комплексной оценки результативности (эффективности) управления человеческим капиталом.

Цель оценки – выявить степень соответствия управления человеческим капиталом стратегии развития организации для выявления не соответствий (недостатков) и принятия обоснованных управленческих решений. Задачи оценки: обеспечение мониторинга управления человеческим капиталом для получения информации о степени достижения целевых показателей эффективности; диагностика проблемных зон в управлении человеческим капиталом и разработка рекомендаций по их устранению; анализ компетентностного уровня работников, обеспечивающих функционирование предприятия; принятие управленческих решений по приобретению, сохранению, развитию и использованию человеческого капитала, обеспечивающих стратегическое развитие предприятия с учетом особенностей его деятельности.

Управление оценочной работой осуществляется на основе планирования и проектирования этапов и процедур оценки, организации аналитической работы, мотивации исполнителей, контроля за проведением оценки. Для проведения оценки могут быть привлечены: эксперт по оценке управления человеческим капиталом; руководители функциональных подразделений; менеджер по персоналу, осуществляющий общий контроль за проведением оценки и обобщение результатов оценки; бухгалтер-экономист, осуществляющий оценку показателей развития предприятия и их взаимосвязь с оценкой результативности управления человеческим капиталом.

Оценку эффективности управления человеческим капиталом необходимо проводить исходя из общих показателей по предприятию с учетом анализа индивидуального человеческого капитала, придерживаясь следующих этапов: подготовительный этап (уточнение цели, объекта и предмета оценки, сбор и подготовка информации),этап проведения оценки и этап подведения итогов на основе анализа полученных результатов.

Объектом оценки результативности (эффективности)управления человеческим капиталом является человеческий капитал и система управления человеческим капиталом. *Предмет оценки –* процессы по управлению человеческим капиталом.

Оценку результативности (эффективности) управления человеческим капиталом предлагается осуществлять по четырем направлениям деятельности: оценка приобретения человеческого капитала; оценка сохранения человеческого капитала; оценка развития человеческого капитала; оценка использования человеческого капитала.

В связи с тем, что среди составляющих человеческого капитала важное значение имеют знания, опыт, здоровье и т.д., оценка человеческого капитала должна проводиться с учетом анализа компетенций сотрудников.

Одним из условий создания системы оценки результативности (эффективности) управления человеческим капиталом является автоматизация хранения, сбора, обработки и представления информации с помощью средств вычислительной техники. Поэтому необходимо рассмотреть возможность использования программных продуктов, обеспечивающих реализацию процедур оценки.

Методология оценки управления человеческим капиталом может быть построена на основе **следующих *методов исследования*:** системный анализ; процессный подход к эффективности управления, который рассматривает эффективное управление как процесс достижения управляемой системой своих целей и интересов с наилучшими результатами в виде взаимосвязанных управленческих функций; метод воспроизводственных оценок, в основе которого лежит оценка затрат на формирование и использование человеческого капитала; метод расчета прямых затрат на персонал, позволяющий рассчитать общие экономические затраты предприятия на персонал; интегральный метод, предполагающий расчет интегрального показателя, в комплексе характеризующего уровень достижения результата. При этом методология оценки человеческого капитала должна обеспечивать выполнение следующих требований: оптимальный набор показателей оценки, объективность, достоверность, доступность, простота методики. К основным принципам обеспечения выполнения этих требований следует отнести следующие: экономичность, комплексность, достоверность, прозрачность, информационное сопровождение процесса оценки.

В настоящее время не выработано единого подхода к критериям эффективности управления человеческим капиталом. Автором предлагается проводить оценку на основе концепции «управление по целям». Целевое управление требует ясного и четкого определения целей или желаемых результатов работы, формирование реальных программ их достижения и четкой оценки параметров работы, путем измерения конкретных результатов на этапах достижения поставленных целей.

Необходимо подчеркнуть, что главная целевая задача управления человеческим капиталом – достижение такого состояния трудового потенциала, которое обеспечивало бы желаемый (требуемый) экономический и социальный эффект, а не максимальная экономия затрат на рабочую силу, ибо дешевая рабочая сила – не всегда самая лучшая.

Таблица 2.4 – Ключевые (основные) показатели эффективности управления человеческим капиталом

Показатели, характеризующие приобретение человеческого капитала	Показатели, характеризующие сохранение человеческого капитала
1. Привлекательность предприятия как работодателя на рынке труда. 2. Коэффициент профессиональной перспективности привлекаемых работников. 3. Коэффициент оборота по приему. 4. Время заполнения вакансии работника в организации. 5. Удельный вес заработной платы принятых работников в общей сумме фонда заработной платы. 6. Средние расходы на поиск и подбор одного работника.	1. Коэффициент текучести кадров. 2. Средний стаж работы на данном предприятии. 3. Индекс роста среднемесячной заработной платы одного работника. 4. Удельные невыходы на работу по причинам болезни и несчастных случаев на производстве. 5. Удельные прямые затраты предприятия на сохранение здоровья. 6. Удельные социальные выплаты на одного работника.
Показатели, характеризующие развитие человеческого капитала	Показатели, характеризующие использование человеческого капитала
1. Индекс стоимости человеческого капитала. 2. Удельный вес работников, прошедших профессиональное обучение. 3. Средние затраты на обучение и повышение квалификации. 4. Удельный вес уволившихся из числа кадрового резерва. 5. Уровень профессиональной компетентности. 6. Патентование результатов инновационной деятельности.	1. Индекс прибыльности человеческого капитала. 2. Коэффициент окупаемости инвестиций в человеческий капитал. 3. Коэффициент соотношения прироста производительности труда и заработной платы. 4. Коэффициент использования планового фонда рабочего времени. 5. Средняя величина инвестиций в человеческий капитал на одного работника. 6. Среднечасовая производительность труда.

Основу оценки результативности (эффективности) управления человеческим капиталом должна составлять научно-обоснованная система индикаторов и показателей, характеризующих достижение стратегических и тактических целей предприятия с учетом затрат на их реализацию, т.к. один показатель не может дать полную комплексную характеристику работы системы управления в целом.

Автор предлагает для оценки эффективности управления человеческим капиталом использовать систему основных (ключевых) и дополнительных показателей. Оценку эффективности управления человеческим капиталом предлагается проводить по ключевым показателям эффективности, сгруппированным по направлениям деятельности по управлению человеческим капиталом: показатели, характеризующие приобретение человеческого капитала; показатели, характеризующие сохранение человеческого капитала; показатели, характеризующие развитие человеческого капитала; показатели, характеризующие использование человеческого капитала. В таблице представлены рекомендуемые ключевые показатели комплексной оценки эффективности управления человеческим капиталом организации. Однако перечень этих показателей может изменяться в зависимости от особенностей ведения учета на предприятии, его масштаба, организационной структуры, требований к системе управления, ее целей и задач.

ОСНОВНЫЕ НАПРАВЛЕНИЯ ФОРМИРОВАНИЯ «ЗЕЛЕНОЙ» ЭНЕРГЕТИКИ В РФ
А. А. Токарева
*Волгоградский государственный университет (ВолГУ),
г. Волгоград, Россия, emmatokareva@gmail.com*

В связи со спецификой национального энергетического сектора, функционирующего на основе значительных запасов традиционных энергоресурсов (нефти и газа), до недавнего времени в энергетической политике России развитию ВИЭ уделялось незначительное внимание. Однако необходимость модернизации российской экономической системы, в частности снижение роли углеводородов в энергобалансе страны, новые технологические требования, а также развитие инновационных технологий, способствовали активизации усилий российского государства по созданию более экологически чистой – «зеленой» энергетики.

Будучи крупнейшим мировым экспортером энергоресурсов, занимая лидирующее положение по запасам традиционных топливно-энергетических ресурсов и обеспечивая 8% мировой добычи урана, Россия является одним из гарантов глобальной энергетической безопасности.

Однако централизованным энергоснабжением в РФ охвачена только одна треть территории, а две трети, где проживают около 20 млн. человек, находятся в зоне децентрализованного и автономного энергоснабжения. В связи с этим возобновляемая энергетика в России находит применение преимущественно в энергодефицитных регионах, а также районах, изолированных от линий электропередач, где существуют проблемы с доставкой привозного топлива.

В настоящее время использование ВИЭ является одним из приоритетных направлений развития энергетического комплекса и повышения энергетической безопасности России. Разработка и внедрение нормативно-правовых актов, стимулирующих энергоэффективность и развитие новых технологий, является также актуальной задачей. В частности, в документе «Энергетическая стратегия-2030» были поставлены конкретные планы по внедрению альтернативных источников в энергетическую систему страны и определена тактика их реализации. Действующий Федеральный закон от 26.03.2003 № 35-ФЗ «Об электроэнергетике» в новой редакции также поддерживает развитие возобновляемой энергетики. Согласно данному закону, возобновляемыми источниками энергии в РФ являются энергия солнца, энергия ветра, энергия вод (в том числе энергия сточных вод), за исключением случаев использования такой энергии на гидроаккумулирующих электроэнергетических станциях, энергия приливов, энергия волн водных объектов, в том числе водоемов, рек, морей, океанов, геотермальная энергия с использованием природных подземных теплоносителей, низкопотенциальная тепловая энергия земли, воздуха, воды с использованием специальных теплоносителей, биомасса, включающая в себя специально выращенные для получения энергии растения, в том числе деревья, а также отходы производства и потребления, за исключением отходов, полученных в процессе использования углеводородного сырья и топлива, биогаз, газ, выделяемый отходами производства и потребления на свалках таких отходов, газ, образующийся на угольных разработках.

Несмотря на то, что Россия обладает значительными ресурсами альтернативных источников энергии, доля электроэнергии, вырабатываемой в стране с использованием ВИЭ, в 2008 году составила около 1% без учета ГЭС мощностью свыше 25 МВт, а с учетом последних – свыше 17%. Удельный вес производства тепловой энергии, полученной на базе ВИЭ, составил около 3%, или около 2000 млн. Гкал. В настоящее время ситуация изменилась незначительно, однако по распоряжению Правительства РФ было установлено, что к 2020 году доля ВИЭ в совокупном балансе и потреблении электроэнергии страны должна составить 4,5%.

В связи с доступностью ресурсов, экономической привлекательностью и ключевой ролью в обеспечении надежной работы Единой энергетической системы Российской Федерации основным направлением использования ВИЭ является **гидроэнергетика**, обладающая более 90% резерва регулировочной мощности. По обеспеченности гидроэнергетическими ресурсами Россия занимает второе место в мире, опережая США, Бразилию, Канаду. Общий теоретический гидроэнергопотенциал России определен в 2900 млрд. кВт*ч годовой выработки электроэнергии или 170 тыс. кВт/ч на 1 кв. км территории. Выработка электроэнергии российскими ГЭС обеспечивает ежегодную экономию 50 млн. т.у.т., позволяет снижать выбросы углекислого в атмосферу до 60 млн.т. в год, что обеспечивает практически неограниченный потенциал прироста мощностей энергетики в условиях требований международного сообщества по ограничению выбросов парниковых газов.

В настоящее время на территории России работает более ста гидростанций мощностью свыше 100 МВт, а также несколько гидроаккумулирующих электростанций (Кубанская ГАЭС, Загорская ГАЭС, гидроаккумулирующий комплекс канала имени Москвы). Общая установленная мощность гидроагрегатов на ГЭС в России составляет примерно 46000 МВт. В 2010 г. российскими гидроэлектростанциями было выработано 165 млрд. кВт*ч электроэнергии. В общем объеме производства электроэнергии в России доля ГЭС не превышает 20%. Из всех существующих типов электростанций именно ГЭС являются наиболее маневренными и способны при необходимости быстро существенно увеличивать объемы выработки, покрывая пиковые нагрузки.

Другим важнейшим направлением формирования «зеленой» энергетики в РФ является развитие **ветроэнергетики**. Этому способствует ряд факторов:
- уникальное сочетание благоприятных природных условий;
- обширная территория;
- богатый и хорошо изученный потенциал ветра (около 127 ТВт*ч);
- большие объёмы энергопотребления, связанные с климатическими условиями и структурой экономики.

В 2008 году суммарная установленная мощность ветроэнергетических установок (ВЭУ) в России составляла около 16 МВт. Крупнейшим ветропарком является ветропарк «Куликово» в Калининградской области мощностью 5,1 МВт, первые ВЭУ которого были установлены в 1998 году, а последующие – в 2002 году администрацией Калининградской области совместно с Минэнерго РФ и Министерством экологии и энергетики Дании. В июне 2012 года было анонсировано намерение модернизировать ветропарк в Калининграде, увеличив его мощность до 20 МВт.

Другими работающими и включенными в единую сеть ветряными электростанциями являются (ВЭС): ВЭС Тюпкильды в Башкортостане (мощностью 2,2 МВт), Калмыцкая ВЭС (мощностью 1 МВт), а также Марпосадская ВЭС в республике Чувашия (мощностью 0,2 Мвт). Не включенными в сеть являются: Анадырская ВЭС в Чукотском автономном округе (мощностью 2,5 МВт), Заполярная ВЭС в республике Коми (мощностью 1,5 МВт), Никольская ВЭС на о. Беринга в Камчатском крае (мощностью 1,2 МВт), Маркинская ВЭС в Ростовской области (мощностью 0,3 МВт) и другие. Большинство из этих ВЭС были установлены в конце 90-ых или начале 2000-ых годов. Небольшие ветроустановки, обеспечивающие в основном собственные нужды предприятий, расположены также в Мурманской, Ленинградской, Архангельской, Саратовской, Астраханской областях.

Биоэнергетика, представляющая собой фундаментальное и прикладное направление, возникшее на границе современных биотехнологий, химической технологии и энергетики, изучающее и разрабатывающее пути биологической конверсии солнечной энергии в топливо и биомассу, а также биологическую и термохимическую трансформацию последней в топливо и энергию, является одним из самых быстрорастущих секторов отечественной экономики. Наибольшее развитие в данном секторе получило производство древесных и торфяных пеллет на территории республик Коми, Карелии, в Архангельской, Вологодской, Ленинградской, Псковской, Нижегородской, Новгородской, Тверской, Владимирской, Кировской, Костромской, Свердловской областях, а также в Красноярском и Хабаровском краях. В 2010 году объем производства пеллет в РФ составлял 2 млн. тонн, большая часть из которых была экспортирована в страны Европы.

Развитие производства *биотоплива* позволяет в значительной степени исключить отрицательное воздействие негативной динамики роста цен на нефтепродукты. В зависимости от источников выделяют следующие виды биотоплива:

- древесное топливо (древесное сырье без химической обработки);
- топливный торф;
- сельскохозяйственные виды топлива;
- биотопливо из органических отходов;
- жидкости, которые являются побочным продуктом целлюлозно-бумажной промышленности.

Одним из наиболее распространённых источников биотоплива в России является рапсовое масло, изготовление которого в промышленных масштабах началось в 2007 году. В связи с этим создаются специальные региональные программы, в частности Алтайская краевая целевая программа «Рапс – биодизель», целевая программа «Развитие биотоплива на основе растительных масел» в Ростовской области и др.

Во Владимирской, Калужской, Ленинградской, Нижегородской, Липецкой, Вологодской, Мурманской областях, Республиках Дагестан, Татарстан, Марий-Эл, Удмуртской, Краснодарском крае, используются установки различной мощности для получения *биогаза* – смесь метана и углекислого газа – из отходов животноводства, птицеводства, растениеводства, который применяют для выработки электроэнергии и отопления производственных помещений.

Развитие биоэнергетики в России обеспечивает диверсификацию топливно-энергетического баланса субъектов РФ за счет увеличения производства электрической и тепловой энергии на базе биоэнергетических технологий, а также повышение экологической безопасности в локальных территориях, т.е. снижение вредных выбросов от электрических и котельных установок в городах со сложной экологической обстановкой.

Сфера **геотермальной энергетики** не является достаточно развитой в России, несмотря на то, что в настоящее время разведано около 50 геотермальных месторождений. Все действующие российские **геотермальные электростанции** (ГеоТЭС) расположены на территории Камчатки и Курильских островов. В 2009 году суммарный электроэнергетический потенциал пароводных терм, который оценивается в 1 ГВт рабочей электрической мощности, был реализован только в размере чуть более 80 МВт установленной мощности и около 450 млн. кВтч годовой выработки. Важнейшим экологическим преимуществом ГеоТЭС, по сравнению с традиционными электростанциями, является значительное снижение выбросов углекислого газа, а также полное исключение выбросов углекислого газа на современных ГеоТЭС, использующих технологию обратной закачки отработавшего геотермального теплоносителя в георезервуар.

Практическое использование **солнечной энергии** в России крайне ограничено, несмотря на широкие исследования, которые проводятся в этом направлении. В стране существует лишь несколько производств солнечных модулей, которые являются основой солнечных фотоэлектрических установок (СФЭУ) различных типов, а также же очень ограниченный сегмент потребителей, готовых приобретать СФЭУ. По разным оценкам, на данный момент в России суммарный объем введенных мощностей солнечной генерации составляет не более 5 МВт, большая часть из которых приходится на домашние хозяйства. Самым крупным промышленным объектом в российской солнечной энергетике является введенная в 2010 году солнечная электростанция в Белгородской области мощностью 100 кВт.

Несмотря на отсутствие законодательной базы, стимулирующей данный вид возобновляемой энергетики, ряд отечественных компаний реализует небольшие проекты в сфере солнечной энергетике. В частности, компанией ОАО «Сахаэнерго» в 2011 году в Якутии была запущена солнечная электрическая станция мощностью 10 кВт. Другими компаниями, поддерживающими развитие солнечной энергетики в России, являются ТП «Перспективные технологии возобновляемой энергетики», ТП «Малая распределенная энергетика», кластер солнечной энергетики на базе ОАО «ЗПК» в Красноярском крае, и др.

Таким образом, Россия обладает значительными потенциальными ресурсами в сфере «зеленой» энергетики. Основными направлениями использования ВИЭ в настоящее время являются гидроэнергетика, ветроэнергетика, геотермальная энергетика, солнечная энергетика, а также биоэнергетика. Однако уровень развития возобновляемой энергетики в РФ отстает от уровня ее развития в других странах. Реализация имеющихся в России программ и проектов в сфере ВИЭ не имеет достаточной государственной поддержки и требует повышения уровня инвестиций в «зеленый» сектор энергетики.

СУЩНОСТЬ ФИНАНСОВО-БЮДЖЕТНОЙ УСТОЙЧИВОСТИ ГОСУДАРСТВА: ТЕОРЕТИЧЕСКИЙ АСПЕКТ
Д. М. Чубарова, В. С. Сульженко
Ростовский государственный экономический университет (РИНХ), г. Ростов-на-Дону, Российская Федерация

Теорию финансовой устойчивости можно определять, как исследовательскую парадигму, поскольку она не может быть сведена к частной дисциплине, а изучает взаимодействие социально-экономических взаимосвязей. Исследование вопросов устойчивости в социально-экономическом аспекте затрагивает сложную структурную взаимосвязь, включая в себя исследование вопросов финансовой и бюджетной устойчивости, обеспечивающих материальную основу государственным инициативам и реформам. Вследствие этого под финансовой стабильностью следует понимать отсутствие кризиса при динамичном развитии финансовых рынков и институтов финансового посредничества, или в более расширенном понимании – бескризисное и эффективное функционирование всех составных частей финансовой системы, соответствующих каждому из секторов экономики (частному, индивидуально-семейному, общественно-некоммерческому; и государственному секторам). Для поддержки экономического роста и обеспечения успешного социально-экономического развития страны необходимо поддержание финансовой стабильности в многоплановом аспекте.

Важно отметить, что финансовая стабильность не может быть абсолютной, это явление, которое выражается в степени ее выраженности.

Условием функционирования социально-экономической системы является как ее устойчивость, так и динамизм развития, определяющий внутренний баланс и стабильность всех сфер и звеньев финансовой системы государства.

В экономической теории устойчивость рассматривается в логической взаимосвязи с понятиями равновесия, сбалансированности и стабильности, что в практическом достижении для экономической системы является первоочередной макроэкономической задачей.

Впервые вопросы экономического равновесия и устойчивости были рассмотрены швейцарским экономистом Л. Вальрасом в работе «Элементы чистой экономики».

С точки зрения «теории экономического равновесия экономические субъекты стремятся перевести экономическую систему в оптимальное состояние», рассматривая его как равновесие, которое целесообразно развивать в контексте устойчивости.

Понятие устойчивости не имеет четких границ в своем определении и отражает динамический характер проблемы в процессе эволюции институтов функционирования финансовой системы. Исследованию проблемы устойчивости экономики и финансового развития посвящены работы Лихачева М.О. , Макарова Е.В., Колотова Н.С., Петрова В.К.. Селиванова С.Г. , Андриянова В.Д., Воробьевой И.П., где рассматриваются определения и факторы экономической устойчивости, стабильности и сбалансированности. С точки зрения экономических теорий выявляются особенности каждой из факторной оценки.

«Устойчивость» - состояние системы, при котором возможно противостояние, с нашей точки зрения, не только агрессивным влияниям экзогенной среды, но и эндогенным неблагоприятным факторам развития. Устойчивой можно считать экономику отдельного государства, способного противостоять колебаниям мировых цен, теневой экономики и возможным внешним рискам.

«Стабильность» - состояние экономической системы, определяющее сохранение ее признаков и параметров в любых ситуациях внешнего и внутреннего развития. Стабильное состояние системы оценивается через определенные параметры и индикаторы. Для экономической системы – это стабильность доходов бюджета, валютного курса и т.д.

«Сбалансированность» - состояние системы, при котором сохраняются основные пропорции и соотношения между ее сферами, звеньями и элементами.

Устойчивая экономическая система - это система, способная абсорбировать внутренние и внешние проблемы и риски, сохраняя при этом параметры целостного развития. Устойчивость можно определить, как способность системы сохранять свое качественное содержание в условиях изменяющейся институциональной среды, и внутренних трансформационных изменений.

Устойчивость экономической системы зависит от множества факторов и институциональных изменений. Изменение баланса системы может быть обосновано многими факторами: экзогенными воздействиями(внешние риски), нарушениями институциональных взаимосвязей в экономической среде (институциональные разрывы), изменение параметров экономической системы, связанные с бифуркацией: разветвлением экономической системы и социально-экономическим развитием.

Таким образом, на наш взгляд, в рамках проведения политики, направленной на достижение финансовой устойчивости, практическую значимость приобретает метод количественной и качественной оценки состояния финансового сектора, его подверженности рискам, способности абсорбировать шоковое воздействие, что необходимо регулировать через макропруденциональные показатели (таблица 1), агрегированные к ним микропруденциальные показатели для выявления потенциальных опасных рисков в финансовой среде.

SECTION 6.
Philosophy of Science (Философские науки)

НЕВЕРБАЛЬНОЕ ОБЩЕНИЕ: ФИЛОСОФСКО-АНТРОПОЛОГИЧЕСКИЙ ПОДХОД
О. С. Суворова
Московский государственный университет имени М. В. Ломоносова, г. Москва, Россия, olga_suvorova_5@mail.ru

В наши дни, в условиях глобализации и развития технических средств коммуникации, новые аспекты приобретает философское осмысление проблемы общения. К их числу относится и анализ темы невербального общения, формирования и функционирования «языка тела», что предполагает исследование герменевтического и коммуникативного значения телесного облика и телесных техник человека, его движений, мимики и других соматических форм выражения внутренних состояний. Как они обретают символическое значение, какое влияние оказывают на понимание Я и Другого, как трансформируются в условиях взаимодействия культур?

В современных философских исследованиях телесность человека не отождествляется с организмом, но рассматривается как антропологический феномен, обладающий биологическими, социокультурными и субъектными характеристиками. Поэтому проведение философско-антропологического анализа невербального общения предполагает, прежде всего, выделение и реконструкцию взаимосвязи его оснований.

При осмыслении *биологических оснований* невербального общения особое внимание привлекает т.н. сигнальное поведение животных – предков человека, в первую очередь, «ритуалы», т.е. серии генетически закрепленных, стандартных по форме, последовательности и темпам телесных движений, предстающих как поведенческие модели, выполняющие сигнальные функции. В процессе филогенеза они закреплялись в геноме человека, а значит, инстинктивно проявляются в его поведении.

Однако под влиянием *социокультурных оснований* невербального общения такие модели подвергались сущностному преобразованию: элементы «языка тела» приобретали подлинно человеческие значения и смыслы, что вело к изменению их функциональной роли и структурным трансформациям, а также к развитию механизмов осознанного контроля за их реализацией. Под влиянием дифференциации форм социальной деятельности формировались новые телесные техники, которые, как и внешний облик человека, приобретали символические компоненты. Именно совокупность таких символов образует «язык тела» как специфическое средство самовыражения и, значит, общения. В той или иной степени они маркируют возраст, этническую принадлежность, состояние здоровья, настроение и даже место человека в системе социальной стратификации. (Если на ранних стадиях развития общества такие функции выполняли знаки, наносимые непосредственно на тело, например, татуировки или шрамы, то теперь эту роль играет одежда, манеры поведения, паравербальные характеристики речи и др.).

Символика «языка тела» закрепляется культурными традициями, его элементы обретают культурно-специфичные значения и смыслы, которые осваиваются личностью в процессе социализации и инкультурации. Это относится к телесным и мимическим движениям, жестам и позам (кинесика), к восприятию пространственных зон коммуникации и прикосновениям (такесика в «контактных» и «дистантных» культурах), к интенсивности вовлечения в коммуникативный процесс невербальных компонентов (в высоко- и низко- контекстуальных культурах). Такие различия могут быть связаны также с особенностями актуализации внимания в чувственном восприятии и ориентацией на разные структурные элементы «языка тела» («западный» и «африканский» сенсотипы). При этом в рамках каждой культуры трансляция символики «языка тела» традицией обусловливает интерсубъективность его смыслов, что определяет его возможности плане достижения понимания между коммуникаторами. Из сказанного следует, что под влиянием социокультурных факторов коммуникативное значение «языка тела» возрастает.

Вместе с тем, «язык тела» подвергается индивидуации. В силу этого представляется необходимым выделить *субъектные (антропологические) основания* невербального общения. Индивидуальные особенности телесных репрезентаций человека обусловлены его полом, возрастом, характером профессиональной деятельности, темпераментом, способностью к самоконтролю и др; их специфичность и экспрессивность становится важной не только для понимания Другого, но и для самопознания, самооценки.

При анализе генезиса и коммуникативного значения индивидуализированных характеристик «языка тела» продуктивным представляется использование предложенных М.М.Бахтиным понятий «внутреннего» и «внешнего» тела. «Внутреннее тело» предстает как «момент самосознания», как переживаемая Я «совокупность внутренних органических ощущений, потребностей и желаний»; «внешнее тело» - это пространственная форма, «построенная взглядом

Другого» [1; с.48]. Из сказанного следует, что постижение «внешнего тела» со всеми его экспрессивными репрезентациями возможно только «с помощью» Другого, только в процессе общения, прежде всего, невербального.

Что же открывается «взгляду Другого»? На его «видение» влияет и собственная внимательность, беспристрастность, и то, как именно себя репрезентирует, представляет собеседник, как эти репрезентации соответствуют освоенным нормам.

Такие особенности «представления себя» можно зафиксировать с помощью понятия «экспозиционирования», предложенного Э.Мунье, По мнению французского философа, личность, которая «по сути своей» коммуникабельна, «благодаря движению, полагающему ее как бытие, представляет себя во-вне, ex-pose» [2; с.39]. Это общее положение вполне можно отнести и к «представлению себя» в невербальном общении. (Выразительной в этом плане представляется ницшеанская метафора «инсценирования тела», предполагающего передачу Другому скрытого, но сущностного для личности «телесного ego volo», стоящего за картезианским cogito).

Думается, что такое «экспозиционирование» оказывает непосредственное воздействие на восприятие человека Другим, на степень и характер понимания в коммуникативном процессе. Однако оно может быть ориентировано не только на искреннее выражение своих свойств и намерений, но и на их сокрытие. Поэтому оказывается, что в целом влияние невербальных компонентов общения на его результативность неоднозначно; язык тела может и способствовать, и препятствовать достижению целей коммуникации. Представляется, что это обусловлено тремя группами факторов: (а) характером целей коммуникатора (от достижения понимания до целенаправленного обмана); (б) природой невербального общения (неосознаваемого, ситуативного, непроизвольного, спонтанного); (в) межкультурными различиями невербальных компонентов общения.

Таким образом, «язык тела», базирующийся на системе выделенных оснований, включает эволюционно-генетическую компоненту, имеет социализированный характер и обладает культурно-специфичными характеристиками. Элементы невербального общения подвергаются индивидуации, однако, в силу того, что символические значения телесных репрезентаций закреплены культурной традицией, в ходе общения оказывается принципиально возможной их расшифровка, что способствует пониманию Другого. Различия же культурных традиций, включая интерпретацию элементов «языка тела», могут стать причиной возникновения коммуникативных барьеров. Однако в современных условиях развития международных контактов возможна межкультурная диффузия символических значений «языка тела» и даже унификация его элементов.

Литература
1. Бахтин М.М. Эстетика словесного творчества. - М.: Искусство. 1986.
2. Мунье Э. Персонализм. - М.: Искусство. 1992.

SECTION 7.
Philology (Филологические науки)

МЕЖЕВЫЕ КНИГИ В ИСТОРИИ РУССКОГО ЯЗЫКА: ФОРМУЛЯРНЫЕ РЕПРЕЗЕНТАНТЫ
Регина Александровна Кулашкина
Ольга Витальевна Баракова
*Нижневартовский Государственный гуманитарный университет,
г. Нижневартовск, Россия, vregina@yandex.ru*

Документы официального делопроизводства разных жанров (отказные книги (Котков 1977; Ващенко 1982), поручные записи и сказки (Котков, Коткова, 1990), челобитные (Волков, 1974), отводные книги (Одинцов 1980), таможенные книги (Котков, Коткова, 1983), хроникальные тексты (Демьянов, Котков, Сумкина, Тарабасова, 1972) и т. п.) достаточно изучены по сравнению с межевыми документами. Значительный объем межевых материалов хранится в ЦГДА и областных архивах. Комплексному лингвистическому анализу, документы писцовых межеваний не подвергались, что и обуславливает актуальность темы исследования. Макарова И. Е. в диссертационной работе «Лексика межевания в памятниках официально-деловой письменности XV-XVII вв.» обратила внимание на лексико-синтаксические характеристики межевых документов.

Первыми к документам по межеванию обратились историки. По их мнению, важными источниками по истории русского языка XIV-XVII вв. являются межевые книги, описывающие границы земельных владений и фиксирующие право собственности на землю. В основе данного типа писцовых материалов лежит описание внешних признаков границ владений, а отчасти и территории, по которой идет граница [5]. Межевая книга, по мнению М. Н. Тихомирова, документ, имущественного характера, дававший детальную информацию о размерах и границах земельных владений [10]. В межевых документах, наряду с перечислением землевладений и землевладельцев, давалось подробное описание межевых признаков, отделяющих друг от друга **селения, деревни и пустоши**. В качестве владельцев перечислялись члены семьи, указывались девичьи фамилии женщин-землевладелиц. Если владельцы проживали в другом населённом пункте, то указывалось их место жительства, а также чины, титулы, должности и звания.

Ю. Г. Алексеев характеризует специфику межевой книги, указывая что «Межевая книга более полно, чем какой-либо другой источник, показывает упоминаемые в ней владения в окружении их соседей и в их географической среде» [1]

Каждая межевая книга явилась результатом тщательной и длительной работы центральных приказных учреждений. Согласно таким книгам житель знал свой стан, погост, все, что принадлежало городу, волости и т. д.

Языковеды, исследуя материалы писцовых межеваний, определяют межевые книги как «рукописные книги, составляющиеся при размежевании земель (в них были зафиксированы межи, границы полей и угодий). По указу великих государей… вотчину мѣрели и межевали и вѣ писцовые и вѣ межевые книги написали за внукомѣ его Сергеевымѣ, за Тихономѣ Ивановымѣ, сыномѣ Дурновымѣ». [9]

Результаты писцовых межеваний заносились в книги. А. Н. Качалкин считает, что ранняя дата «самоназвания» данного типа документов относится к 1391 г. [4]. На протяжении длительного отрезка времени межевание находилось в центре государственных интересов, поэтому название межевой книги видоизменялось, отражая ее предметно-тематическое содержание, например: *межевая отдельная, разъезжая межевая, писцовая межевая, третейская межевальная, межная, отказная и межевая разводная, устройная писцовая и межевая, межевальная заручная, отводная и раздельная, мерная и отказная* и т. п.

Материалом для исследования послужили межевые документы 18-19 века Государственного архива г. Тобольска.

Порядок ведения межевых книг определялся рядом указов, главным требованием которых было описание межевых владений тщательным образом, разными статьями, не смешивая их. Позже, в 19 веке, межевая книга стала иметь параграфы и их названия «Положение. Границы. Общая фигура. Пространство. Выгоны. Воды. Леса и т. д.». [ГА в г. Тобольске, ф. И 197, оп. 1, д. 12, л. 3].

Межевая книга, как правило, начиналась с формуляра. В нем указывался уезд, обозначались межевщики и писцы. В некоторых книгах сообщалось время межевания: «Первый отводѣ учиненѣ 191 и 192 (1683 1684) годахѣ геодезистомѣ Рышкинымѣ; а мѣжа утверждена согласно решению правительствующаго Сената въ 1834 году Ишимскимѣ младшимѣ Землемѣромѣ федотовымѣ». (ГА в г. Тобольске, ф. И 197, оп. 1, д. 12, л. 2).

Раздел каждой межевой книги описывал определенный вид местности. В начале, характеризовалось общее положение и приблизительные границы территории: «Естественными предѣлами сей дачи на сѣверѣ река Иртышѣ, навостокѣ рѣчка Берилка, но сѣ Западѣ протока». Затем описывалась общая фигура и пространство межевой земли: «Означенная дача расположена вѣдлину сѣ сѣверо-запада на юго-востокѣ; авѣ широту, сѣ сѣвера на Западѣ». В разделе «Воды» давалось описание близлежащих рек: «Награницахѣ дачи находятся: рѣка Иртышѣ, рѣчка Берилка, ипроток неимеющаго особаго названия». Примечателен раздел «Сенокосы»: «Пространство, занимаемое покосами поросшее по нѣкоторымѣ мѣстамѣ таловымѣ Кустарникомѣ». Дополнительно указывалось не только время сенокоса, но и приблизительное количество сена, которое можно получить с данной территории: «Время сѣнокошения вѣ половинѣ Июля мѣсяца. Вѣ урожайное лѣто сѣдесятины можно снять сѣна до 35 копенѣ; а вѣ малое урожайный до 15 копенѣ. Средняя цѣна запудѣ сѣна 5 копѣек серебромѣ». (ГА в г. Тобольске, ф. И 197, оп. 1, д. 14, л. 1-4).

В оформлении отметим следующие особенности: межевые книги начинались с буквицы, строго соблюдались поля, на листах, как правило, стояло 2 гербовых клейма.

Являясь основным рабочим и главным отчетным документом в региональном писцовом документообороте, межевые книги запечатлели систему языковых репрезентантов, эксплицирующих специфику межевого дела, в том числе ономастическое пространство рассматриваемых деловых текстов.

Литература

1. Алексеев Ю. Г. Межевая книга вотчин Троицкого Сергиева монастыря (1557-1559гг.) // Вопросы историографии и источниковедения истории СССР. – М. – Л., 1963. – С. 520

2. Ващенко Т. Ф. Некоторые данные о составе лексики отказных книг // История русского языка XI-XVII вв. – М., 1982. - С. 147-158.

3. Волков С. С. Лексика русских челобитных XVII века. - Л., 1974. - 163 с.

4. Качалкин А. Н. Книга как жанр деловой письменности допетровской эпохи / Материалы для исторического словаря // Историко-культурный аспект лексикологического описания русского языка. – М., 1991. – Ч. 2 – С. 86-103.

5. Ковальченко И. Д. Источниковедение по истории СССР. – М., 1981. – С. 133.

6. Котков С. И. О лингвистическом источниковедении // Вопросы языкознания, 1977. - №6. – С. 51-59.

7. Коткова Н. С. Историко-лингвистические свидетельства древней владельческой формулы // Русский язык. Источники для его изучения. – М., 1071. – С. 189-210.

8. Одинцов Г.Ф. Из истории гиппологической лексики в русском языке. - М., 1980.- 220 с.

9. СлРЯ XI-XII вв. – Словарь русского языка XI-XII вв. – М., 1975 и сл. (по выпускам).

10. Тихомиров М. Н., Источниковедение истории СССР, в. 1, М., 1962.

11. Материалы ГА в г. Тобольске:

11. 1. Межевая книга дачи межугорского Ивановского монастыря в 1 месте. ф. И 197, оп. 1, д. 12, л. 2.

11. 2. Межевая книга дачи межугорского Ивановского монастыря в 3 месте. ф. И 197, оп. 1, д. 14, л. 1-4.

СЕМАНТИЧЕСКАЯ ЗАМЕНА КАК СПОСОБ НОМИНАЦИИ
О. А. Пособчук
Национальный технический университет Украины «Киевский политехнический институт», г. Киев, Украина oksana.posobchuk@gmail.com

Семантическая замена (семантическая транспозиция) – это один из способов вторичной номинации, при котором происходит преобразование семантической структуры языковой единицы, при условии сохранения ее формальной структуры, что ведет к образованию многозначных лексем.

Переосмысливание значений в процессах вторичной номинации происходит в соответствии с логической формой тропов (метафоры, метонимии и т.п.) и функционального переноса [3, с. 45]. Например, *мягкий характер*, *ручка двери*, *черная овца*, *пылать* (о любви) и т.п.

В. Н. Телия считает, что к явлению семантической замены относится широкий круг семантический изменений [4, с. 177]. В первую очередь, это метафорические, метонимические, функциональные переносы, изменение семантического объема слова (генерализация и специализация), семантические кальки. В отличие от словообразовательной деривации, в результате которой образуются новые по морфемному составу и/или грамматическим признакам слова, семантическая замена заключается в семантики уже существующих слов, что ведет к появлению номинативных единиц, которые соотносятся с иными фрагментами действительности. Итак, семантическую замену можно определить как вторичный способ номинации, суть которого состоит в использовании материальной оболочки (фонетической формы) уже существующей языковой единицы в качестве обозначения для нового фрагмента действительности (нового обозначаемого). Таким образом, основу семантической замены составляют различные семантические сдвиги, образование новых, переносных значений, которые основываются на соотнесенности одного предмета (явления) с другим по определенному признаку.

Отдельно рассмотрим виды семантической замены.

Расширение (генерализация) значения — это увеличение семантического объема слова в процессе исторического развития; переход от видового значения к родовому, сопряженный с утратой смысловых элементов. Генерализация чаще всего происходит в результате переноса названия по функции, выполняемой двумя предметами. Приведенные ниже примеры иллюстрируют расширение значения: *клуб, дом, неделя, рынок*. Например, в английском языке слово *paper* изначально обозначало «египетское растение», теперь же оно обозначает «любой вид бумаги».

В процессе сужение значения, которое противоположно расширению значения, происходит сужение номинативной функции слова. Второе название этого процесса — специализация значения. Слово с широким значением приобретает специальное, узкое значение. То есть, изначально различные предметы назывались одним словом, а со временем этим словом стал называться только один предмет. Примером специализации является изменение значения протогерм. *deuza* «дикое животное» > англ. *deer* «конкретный вид животных, олень». Протогерм. *deuza* является гиперонимом по отношению к англ. *deer*, который выступает гипонимом [6, с. 42].

Часто расширение и сужение значения характеризуют случаи семантической замены, в которых предыдущее и новое значение находятся в гипо-гиперонимических отношениях.

Третий вид семантической замены – перенос наименования – признан лингвистами наиболее продуктивным механизмом формирования новых лексико-семантических вариантов слов в большинстве языков [5, с. 82-87]. Основными типами переноса наименования являются:

1) перенос на основании сходства – метафора;
2) перенос по смежности – метонимия [2, с. 161].

М. Д. Степанова считает, что процесс метафоризации являются исключительно продуктивным способом пополнения словарного запаса. В результате этого процесса расширяется смысловая структура слова [2, с. 162].

Метафора – это одна из самых значимых фундаментальных форм человеческого мышления, как принцип ментальности она находится вне пределов языка. Это результат «прорыва» смыслов из тайных глубин человеческого сознания в окружающую человека реальность; это нить, которая связывает сознание человека и реальность. Как пример можем привести такие случаи метафоризации значения: *to fluctuate* – постоянно меняться, быть нестабильным, колебаться, меняться и т.п.; *fluctuating prices* – колеблющиеся цены; *the stock market fluctuates daily* – цены на фондовой бирже ежедневно меняются; *His mood fluctuates with the weather* – его настроение меняется со сменой погоды.

Метафора – это перенос значения на основании сходства. Это сходство может быть как перцепционным, так и функциональным, может касаться следствий, поведения, абстрактной формы и т.п. Метафоры всегда интенциональны, то есть произвольны, образованы произвольными усилиями говорящих. Например:

beam «луч света» < «колода»;
sweet, напр. *sweet voice* «сладкий голос»;
peach в значении «привлекательный» [6, с. 41].

В случае метонимии предметы, процессы и явления репрезентируют то, частью чего они являются, или обобщают часть. В этих условиях образ служит средством репрезентации более типичного явления, к которому он относится.

Согласно общепринятой точке зрения метонимия – это перенос имени с одного класса объектов или отдельного объекта на другой класс или отдельный предмет, который ассоциируется с данным предметом по смежности [1, с. 300]. Если метафора не меняет референции, то для метонимии она является основополагающей. Метонимия – это семантический сдвиг в референции, в результате чего «генерируется» новый смысл высказывания. Метонимия может содержать и специализацию, и конкретизацию лексического значения, и генерализацию, то есть «переход» к конкретному обобщенному понятию. В качестве примера приведем следующие случаи метонимической транспозиции:

many mouths (people) to feed – «накормить много «ртов» (в значении людей)» (целое заменяется частью);

horn «музыкальный инструмент» (который изначально изготавливался из рогов животных) < *horn* «роговое образование на коже животных»;

judgement – «результат суждения» < «процесс суждения»;

новое значение слова *suit* «человек, особенно менеджер, который работает в офисе и обязан всегда носить костюм» сформировался на основании метонимии – смежности предметов (человек – его одежда).

Метафорический и метонимический пути номинации связаны с образной сферой и не выходят за свои рамки, этот способ реализуется уже на уровне языкового сознания человека, поскольку находится в сфере плана выражения языка – формальных (лексических) средств обозначения понятий. По мнению Э. Сепира, «люди живут не только в материальном мире и не только в мире социальном, а значительной мерой они находятся под влиянием конкретного языка, который стал средством выражения в обществе» [7, с. 261].

Еще одним видом семантической замены является семантическое калькирование. Семантические кальки – это номинативные единицы, в которых заимствуются значения, они получают новые значения под влиянием другого языка. Например, в русском языке слово *картина*, которое обозначает — «произведение живописи, зрелище», получило под влиянием английского языка еще одно значение «кинофильм». Еще одним примером этого лингвистического феномена является употребление в разговорном русском слова *уловить* в значении «понять», что имеет параллели во многих европейских языках – нем. *begreifen*, итал. *capire*, англ. *to catch, to capture* со значением «понять».

Итак, проанализировав виды семантической замены, можно констатировать, что ее основой является ассоциативный характер человеческого мышления. В актах вторичной номинации ассоциации устанавливаются по сходству или по смежности между некоторыми свойствами элементов внеязыкового ряда (такие элементы отображены в уже существующем значении единицы) и свойствами нового обозначаемого (такое обозначаемое именуется посредством переосмысления его значения).

Ассоциативные свойства, которые актуализируются в процессе вторичной номинации, могут соответствовать: 1) компонентам значения, которое переосмысливается; 2) таким смысловым свойствам, которые не входят в состав дистинктивных признаков значения и соотносятся с фоновыми знаниями носителей языка о такой реалии или о внутренней форме значения.

Литература
1. Арутюнова Н. Д. Метафора и дискурс // Теория метафоры. – М., 1990.
2. Кузьмина Н. В. Морфолого-семантический очерк терминологии языкознания. Дис. канд. филол. наук / Н. В. Кузьмина Минск, 1971. – 329 с.
3. Лакофф Д., Джонсон М. Метафоры, которыми мы живем. - М., 1990. – 261 с.
4. Телия В. Н. Вторичная номинация и ее виды. - В кн.: Языковая номинация. Виды наименований. – М., 1977. – С. 129 – 221.
5. Черникова Н. В. Метафора и метонимия в аспекте современной неологии // Филологические науки, 2001. - № 1. - С. 82-90.
6. Grzega J., Schöner M. English and General Historical Lexicology. Materials for Onomasiology Seminars // Onomasiology Online Monographs. - Katholische Universität Eichstätt-Ingolstadt. – 2007. – Vol. 1. – 73 p.
7. Sapir Eduard. An introduction to the Study of Speech. – New York, 1927.

ПОСТУПОК КАК СПОСОБ РАСКРЫТИЯ ХАРАКТЕРА ГЕРОЯ В ЦИКЛЕ РАССКАЗОВ В. С. МАСЛОВА «КРУТАЯ ДРЕСВА»

Валентина Игоревна Соловьева

Государственное образовательное учреждение высшего профессионального образования «Мурманский государственный гуманитарный университет», факультет филологии, журналистики и межкультурных коммуникаций, г. Мурманск, Россия, valuwka91@mail.ru

Творчество Виталия Семеновича Маслова относится к вершинным пластам литературы русского Севера. В его произведениях особенно привлекает глубина нравственной проблематики, воссоздание особого северного колорита и, конечно, мастерство в создании народных характеров. Виктор Тимофеев писал: «Есть серьезный урок в творчестве писателя В. Маслова - урок познания русского народа, русского человека, это урок народности литературы, которая тем более сильна, чем близка людям» [1]. В его творчестве мы открываем для себя живые человеческие характеры, находим яркие картины и события народной жизни, будь это колхозный сенокос, лесосплав, встреча земляков.

В цикл «Крутая Дресва» входят семь рассказов: «Восьминка», «В тундре», «Зырянова бумага», «Никола Поморский», «Егоровна», «Верность», «Едома». Выбор цикла обусловлен тем, что именно в нем представлены яркие и разнообразные характеры в переломный исторический момент (Великая Отечественная война, голодные послевоенные годы). Традиционно война считается той экстремальной традицией, которая раскрывает характер человека наиболее полно.

Объединяет все произведения место действия – поморская деревня, быт и уклад которой были знакомы писателю с детства. Оттуда, из Поморья, у Маслова все: и человеческая основательность, и самобытный характер, и огромное трудолюбие, и, конечно, знание народной речи, её северных говоров и свободное владение её богатствами.

Историю деревни Крутая Дресва и ее жителей можно проследить, начиная с 1919 года. Используя приём ретардации, прерывая повествование воспоминаниями героев, автор добивается масштабности в изображении событий. Думая о своём прошлом, Сусанна Карушкова из рассказа «Восьминка» вспоминает и страшный «бесхлебицей» 1920 год, и создание колхоза в 1938, и, безусловно, страшные военные и трудные послевоенные годы. Действие переносится и в современные писателю 70-е г.г. Выбирая ключевые моменты в истории страны, В.С.Маслов не акцентирует внимание на описании исторических событий, писателя более интересует психологический аспект: то, как эти события повлияли на формирование человеческих характеров.

Судьба преподносит героям немало испытаний: гибель близких, голод. Именно эти испытания проверяют характер героя на прочность, становятся мерилом его нравственности. Перед героями стоят самые главные в жизни вопросы: о совести, о чести, о той позиции, которую им предстоит выбрать. Проблема сама по себе не нова, но жизненный материал, отобранный автором, тот конкретный фон, на котором строиться действие, привлекает внимание читателя.

Одинаковые требования предъявляет писатель к представителям, как младшего, так и старшего поколения, к мужчинам и женщинам.

Наиболее тяжелые испытания в рассматриваемых произведениях выпадают на женскую долю. И героини рассказов В.С.Маслова становятся символом мужества, терпения и гуманности. Подобно Матрене Тимофеевна из поэмы Н.А.Некрасова «Кому на Руси жить хорошо», они сохраняют чувство собственного достоинства, пройдя самые тяжёлые испытания.

Так, например, героиня рассказа «Восьминка» Сусанна Карушкова прожила долгую и трагическую жизнь: в 1919 году потеряла мужа, в Великой Отечественной войне— сыновей. В послевоенные голодные годы героиня берет на себя заботу о детях-сиротах из семьи переселенцев. Умирая от голода, Сусанна думает: «Уж так надо бы на ноги-то встать! Робят нать пообиходить. Заместо матери для робят побыть бы! Столько дела!» [2] Однако Сусанна, понимает, что умирает, и единственное, что ещё может её спасти — чай, который всегда придавал ей сил («Без чаю она не жилец, чай - жизнь» [3]). Жажда жизни становится сильнее, когда Сусанна узнаёт, что младший сын жив. Героиня оказывается в ситуации нравственного выбора: спасти свою жизнь или накормить голодных детей. В доме Сусанны появляется восьминка спасительного чая, однако Сусанна меняет её на кусок оленины для детей. Такое решение даётся героине нелегко, и внутренние монологи тому подтверждение. Однако выбор сделан, и Сусанна становится символом самопожертвования.

Галерея женских образов представлена также портретами Егоровны из одноимённого рассказа, Ильиничны из рассказа «В тундре», Устиньи из рассказа «Верность».

Егоровна и Устинья, на первый взгляд, кажутся совершенно разными. Егоровна приехала в Крутую Дресву сразу после войны и разительно отличалась от деревенских как своими «крашеными пальцами», так и поступками, среди которых самым странным казался отказ выйти замуж за морского офицера. Устинья же родилась и выросла в деревне, однако обе женщины в ситуации выбора сумели отказаться от личного счастья. Устинья ради своих детей и счастья любимого человека, Егоровна ради тех, кто нуждался в её помощи.

Широту души и гостеприимство воплощает героиня рассказа «В тундре» - Ильинична. Она радушно принимает в своём доме, окружённом сугробами и обращённом к морю, и путников, и охотников.

Рассмотрев женские образы в рассказах из цикла «Крутая Дресва», можно сделать вывод, что автор наделяет своих героинь лучшими чертами русского национального характера: готовностью к самопожертвованию, широтой души. Север же закаляет их характер, делая его более сдержанным, учит терпению. Так, Сусанна, узнав о смерти мужа, «не вскрикнула, не заплакала» [4] и Устинья, прощаясь с Павлом, «расплакаться себе не позволила».

Не менее продуманными и ёмкими являются в произведениях В.С.Маслова мужские характеры. В рассказе «В тундре» в центре повествования образ слепого Петра. Герой ослеп на войне, после контузии, однако зрение вернулось. Второй раз слепота настигла Петра, когда он заблудился в тундре, поехав на поиски девушки-кассирши, третий раз – спасая товарищей. В шторм на маленькой моторной лодке Пётр поплыл за врачом. Ощущая свою беспомощность, герой пытался покончить жизнь самоубийством, но выжил. Сумел принять обстоятельства и научиться, не просто жить в слепоте, но и быть нужным людям.

Не менее интересны детские характеры и поступки, совершаемые героями-детьми. Федька из рассказа «Зырянова бумага», как и многие герои произведений В.С.Маслова, оказывается в ситуации нравственного выбора. Чтобы получить лист белой бумаги, который нужен мальчику для того, чтобы написать письмо отцу, сосед Зырян предлагает Федьке «закопать»[5] котят. Ребёнок оказывается перед сложным выбором: отправить весточку отцу, который находится на фронте, или спасти жизнь котят. Федька выбирает второе, понимая, что нельзя стремиться к личной выгоде, причиняя страдания кому-либо.

Таким образом, всех героев рассказов Маслова роднит способность к самопожертвованию, забота о ближнем, почти христианская, забота обо всем живом, душевная красота и чистота. Рассказы В.С.Маслова учат нас тому вечному, чему всегда призвано учить искусство: доброте, любви к человеку, вниманию к духовному миру, уважению человеческой индивидуальности и неповторимости личности.

Произведения Маслова помогают понять не только русский национальный характер, но и характер людей, живущих на Севере.

Список литературы
1. Государственное областное учреждение «Государственный архив Мурманской области» Фонд №1368 «Маслов В.С.(1935-2001) писатель, Почетный работник морского флота, Почетный гражданин города-героя Мурманска» опись№1дел личного происхождения. Дело№836
2. Маслов В.С. Крутая Дресва / В.С. Маслов. – Мурманск: Мурманское книжное издательство, 1981.С298
3. Маслов В.С. Крутая Дресва / В.С. Маслов. – Мурманск: Мурманское книжное издательство, 1981.С298
4. Маслов В.С. Крутая Дресва / В.С. Маслов. – Мурманск: Мурманское книжное издательство, 1981.С291
5. Маслов В.С. Крутая Дресва / В.С. Маслов. – Мурманск: Мурманское книжное издательство, 1981.С.327

ТИПЫ СОВЕТИЗМОВ В ЭМИГРАНТСКОЙ ПРОЗЕ
М. И. Шкредова
ФГБОУ ВПО «Мурманский государственный гуманитарный университет», г. Мурманск, Российская Федерация
mariya-tishulina@yandex.ru

В лингвистической науке до 1990-х годов к советизмам относили языковые единицы, появившиеся после 1917 года для обозначения новых явлений советской действительности, а после 1990-х годов были высказаны предположения о том, что они могут реализовываться в невербальной форме и заключать в своем значении культурную информацию и иметь идеологическое наполнение.

Соответственно, анализ феномена советизмов в современной науке требовал подробного рассмотрения семантических, культурных и идеологических компонентов их лексического значения, особенно это касалось анализа советизмов, употребленных в эмигрантской прозе.

Тот или иной советизм мог обозначать какое-либо явление действительности без идеологических приращений в значении (*Главбыт, Гознак* и др.) или с наличием идеологизированных сем (*развитой социализм, коммунизм, буржуазный* и др.), предполагающих наличие особого концептуального смысла в значении советизма.

Кроме того, анализ советизмов, употребленных в эмигрантской прозе, позволяет говорить об индивидуально-авторских образованиях, использованных для обозначения советских реалий.

Следовательно, среди всей совокупности советизмов эмигрантской прозы можно выделить три типа: денотативные, концептуальные и индивидуально-авторские.

К концептуальным советизмам относятся единицы (*враг народа, светлое будущее, вождь мирового пролетариата, советская власть, прогрессивное человечество, агитационный листок, сплошная коллективизация и др.*), характеризующие реалии как элементы идеологической политической системы и заключающие в себе стереотипные и мифологизированные представления о советской действительности. В лексическом значении данного типа советизмов содержится идеологический компонент, предполагающий пропагандирующее воздействие на представителей советского общества, создание идеологических установок в сознании носителей языка. Реализовывается идеологический компонент в таких гиперсемах, как «возможность говорить и быть услышанным», «характеристика общественного строя», «руководящее лицо» и др.

Употребление концептуальных советизмов формирует у носителя языка особый взгляд на действительность, идеологически «правильный», соответствующий политике правящей партии. Следствием этого влияния становится формирование определенного стереотипа и актуализация знаний о той или иной реалии.

См. пример:

Раньше он мог написать донос, что вы против советской власти, значит, **враг народа** *— и вы исчезали*[5].

В данном примере употребляется концептуальный советизм **«враг народа»**, имеющий в своем значении идеологический компонент «активный противник социализма». Наличие этого компонента создает установку, связанную с тем, что врагом народа может быть назван каждый независимо от политических взглядов, если на него будет написан донос.

Денотативные советизмы (*напр., абонплата, бригадир, трудовая книжка, стипендия, зарплата, Гознак, сменорг, профсоюз, собес, сберкнижка и др.*), в отличие от концептуальных советизмов, характеризуют советские реалии без наличия идеологического компонента в лексическом значении. Цель употребления денотативных советизмов — не убеждение в чем-либо, а сообщение какой-либо информации.

См. пример:

- Ты, милый, мне мозги не пудри, - прервал Змий призывы Тараса к справедливости и братству. - Я не фабрика **Гознак***, червонцы не печатаю*[3].

В данном примере употреблен денотативный советизм «*Гознак*», употребление которого не предполагает идеологического воздействия, а только сообщает информацию о том, что на фабрике Гознак производилась печать денежных знаков.

Под индивидуально-авторскими советизмами понимаются новые слова или выражения, употребленные автором с целью акцентирования внимания на описываемой реалии или отдельном ее признаке, либо употребление известных слов в индивидуально-авторском значении. Важно отметить, что способами образования таких советизмов в эмигрантской прозе будут следующие: графические, с использованием эвфемизмов, с помощью активизации внутрисловных значений, расшифровки аббревиатур.

См. примеры:

*(1)Он только объяснил, что один шпион может нанести нашему государству урон больший, чем полк или даже дивизия, и попросил присутствующих проявлять максимальную бдительность, не разглашать государственных и военных тайн, присматриваться к окружающим и, если возникнут хоть малейшие сомнения или подозрения, немедленно обращаться с ними**Куда Надо***[2].

В данном примере индивидуально-авторский советизм «**Куда Надо**», под которым подразумевается КГБ, актуализируется в тексте с использованием графических средств – заглавных букв, акцентирующих внимание читателей.

(2) *Под **полканом**, как ты, может быть, догадываешься, надо в его парафразе понимать исполком*[6].

В приведенном примере индивидуально-авторский советизм «**полкан**» используется в качестве эвфемизма, заменяющего наименование исполком.

(3) *А где же тогда статьи, направленные против гласности?* **Гласность** *есть, а вот **слышимость** плохая*[4].

В данном примере активизируются внутрисловные значения слов «гласность» и «слышимость», в которых актуализируется сема «возможность быть услышанным». Автором намеренно подчеркивается внутрисловная мотивировка советизма «гласность» от «голос», предполагающая свободу выражения мыслей, которая не находит исполнения, так как «слышимость» властей плохая.

(4) *– Постойте, – говорит администратор обоим врачам. – Он, может быть, не просто сыр говорит, а про что-то другое. Наклоняется к больному и спрашивает его как-то непонятно: «Дэвэсээр?»*

– Дывысыр, дывысыр, – хрипит больной, соглашаясь.

*– Ну, вот видите, – говорит администратор кремлевскому доктору. – Я же вам говорил. Он **депутат верховного совета республики**. Не ДВС, а*

ДВСР. *Кладите его обратно.* — *И сам хватает больного за ноги, чтобы перетащить с парусиновых носилок на кожаные.*

— Стоп! Стоп! Стоп! — говорит кремлевский доктор, отрывая администратора от больного. — Мы перевозим только депутатов Верховного Совета СССР, а для ***давайсыров*** *другая «Скорая» есть*[1].

В данном примере приводится индивидуально-авторская расшифровка аббревиатуры ДВСР – депутат верховного совета республики.

Таким образом, проанализированный материал является иллюстрацией взглядов эмигрантов, контрастирующих с устоявшимися позициями советской власти. В приведенных примерах содержится большое количество денотативных, концептуальных и индивидуально-авторских советизмов.

Литература
1. Войнович В. Антисоветский советский союз. URL: http://modernlib.ru/booksvoynovich_vladimir_nikolaevich/antisovetskiy_sovetskiy_soyuz/read
2. Войнович В. Жизнь и необычайные приключения солдата Ивана Чонкина. URL:http://lib.ru/PROZA/WOJNOWICH/chonkin.txt
3. Гладилин А. Большой беговой день. URL: http://www.e-reading.by/bookreader.php/14780/Gladilin_-_Bol'shoii_begovoii_den'.html
4. Довлатов С. Записные книжки. URL: http://modernlib.ru/books/dovlatov_sergey/solo_na_undervude/read_1/
5. Кузнецов А. Бабий Яр. URL: http://lib.ru/PROZA/KUZNECOW_A/babiyar.txt
6. Пастернак Б. Доктор Живаго. URL:http://modernlib.ru/books/pasternak_boris_leonidovich/doktor_zhivago/read

SECTION 8.
Jurisprudence (Юридические науки)

К ВОПРОСУ ОБ ОСПАРИВАНИИ МИРОВОГО СОГЛАШЕНИЯ
В. Ю. Салинников
ЮИ СФУ, г. Красноярск, РФ, cvid@mail.ru

С учетом возрастающего интереса к институту мирового соглашения актуализируются вопросы, связанные с юридической силой мирового соглашения, в частности вопрос о твердости и окончательности утвержденного судом мирового соглашения.

Законодатель устанавливает требование к суду проверять представленное на утверждение мировое соглашение на предмет соблюдения прав и законных интересов сторон и третьих лиц (ст. 39 ГПК РФ, ст. 49 АПК РФ).

Однако сама сторона мирового соглашения может стать «заложником» своего волеизъявления. Мировое соглашение может по существу ставить одну из сторон в невыгодное положение и тем самым нарушать ее права и или законные интересы. Вместе с тем повторно тот же иск сторона не может заявить, поскольку наличие утвержденного судом мирового соглашения является основанием для отказа в принятии искового заявления или прекращения производства по делу согласно ст. 134, 220 ГПК РФ (АПК не знает института отказа в принятии искового заявления, там возможно лишь прекращения производства по делу на основании ст. 150 АПК). Мировое соглашение снабжено исполнительной силой, поэтому сторона такого соглашения вынуждена и претерпевать меры принудительного исполнения, так как не может возражать против их применения.

Также и третьи лица, не участвующие в процессе и процедуре утверждения мирового соглашения, могут быть поставлены в невыгодное положение волеизъявлением сторон мирового соглашения.

Процессуальная обязанность суда по проверке условий мирового соглашения на предмет законности и соблюдения прав и законных интересов сторон и третьих лиц является гарантией, но не абсолютной. Однако гарантированность прав и законных интересов должна обеспечиваться на любом этапе судебной защиты. В связи с этим предполагается, что законодатель должен обеспечивать адекватный механизм защиты и в положении, когда мировое соглашение уже утверждено судом. Эффективность такого механизма будет зависеть от того, насколько законодатель учитывает специфику применения института мирового соглашения, предмета деятельности суда при утверждении мирового соглашения.

Следовательно, рассуждения об оспаривании мирового соглашения требуют ответа на вопросы о том, что следует оспаривать – само соглашение или акт суда об утверждении соглашения, в какой процедуре оспаривать и по каким основаниям.

Можно констатировать, что возможны две модели лишения мирового соглашения юридической силы.

Первый вариант – мировое соглашение признается сделкой наравне с любым иным гражданско-правовым договором. Если мировое соглашение является обычным договором, то и все положения закона, относящиеся к форме, содержанию, последствиям, должны применяться к мировому соглашению. Если мировое соглашение обладает юридической силой договора, то и лишение его этой юридической силы должно осуществляться гражданско-правовыми способами. Это означает, что мировое соглашение можно признать недействительным по всем основаниям, предусмотренным гражданским законодательством. Кроме того, это предполагает возможность сторон изменить содержание мирового соглашения по своему волеизъявлению, не испрашивая на то разрешение суда.

Процедурой, в которой осуществляется оспаривание мирового соглашения, в таком случае служит исковой порядок.

Вторая известная модель – обжалование судебного акта об утверждении мирового соглашения. Мировое соглашение есть не только проявление частноправовой воли, направленной на урегулирование спора, но и государственной воли суда, без которой мировое соглашение не будет иметь юридической силы. В таком случае мировое соглашение представляется как институт процессуального права. Мировая сделка как гражданско-правовой договор является основанием мирового соглашения, но не становится его содержанием [1, с. 110]. Соответственно судебный акт об утверждении мирового соглашения должен обжаловаться в порядке и по основаниям, предусмотренным процессуальным законодательством.

В российском процессуальном законодательстве мировое соглашение подлежит утверждению судом (ст. 39 ГПК РФ, 49 АПК РФ). Стороны могут устно заявить об урегулировании спора мировым соглашением. Условия такого урегулирования заносятся в протокол суда. Или же стороны могут представить мировое соглашение в письменном виде, тогда такое соглашение приобщается к материалам дела, о чем заносится соответствующая запись в протокол суда.

Процедура утверждения мирового соглашения завершается вынесением соответствующего определения, которое придает мировому соглашению юридическую силу. С точки зрения процессуального законодательства в России можно обжаловать определение об утверждении мирового соглашения, но не само соглашение. При этом основания для обжалования должны быть процессуальными.

В литературе отмечается, что на сегодняшний день во многих странах Европы мировое соглашение на законодательном уровне определяется как гражданско-правовой договор [2, с. 11-12; 3, с. 7] или как смешанное процессуально-материальное явление. Среди них Франция, Италия, Испания.

Особый интерес в данном случае представляет опыт Франции, где законодатель признает как судебные, так и внесудебные мировые соглашения (согласно ст. 1441-4 ГПК Франции председатель суда большой инстанции по заявлению стороны мирового соглашения придает исполнительную силу акту, который ему представлен] [4].

Также как и в России, во Франции мировое соглашение в суде подлежит процессуальному оформлению – соглашение оформляется протоколом о примирении, подписываемым судьей и сторонами (ст. 130 ГПК Франции). Указанный протокол придает такому соглашению исполнительную силу [5, с. 453]. Согласно ст. 131 ГПК Франции из протокола о примирении могут выдаваться выписки; они имеют силу исполнительного листа.

Процессуальный закон Франции не предусматривает возможности обжаловать протокол о примирении аналогично порядку обжалования судебных актов. Однако мировое соглашение регламентируется материальным законом – Гражданским кодексом Франции (ст. 2044-2058) [6]. Согласно ст. 2052 ГК Франции мировые сделки имеют для заключивших их сторон силу судебного решения последней инстанции. Они не могут быть оспорены ни по причине заблуждения в праве, ни по причине их невыгодности.

При этом в последующих статьях ГК Франции законодатель предусматривает конкретные случаи оспаривания мирового соглашения путем предъявления иска о признании такого соглашения недействительным.

Так, мировая сделка может быть признана недействительной, если имеется заблуждение относительно личности спора, предмета спора, в случае обмана или насилия (ст. 2053 ГК Франции), если мировая сделка заключена на основании документов, которые впоследствии были признаны подложными (ст. 2055 ГК Франции).

При этом оспаривать мировое соглашение можно как достигнутое вне суда, так и в суде.

Таким образом, во Франции мировое соглашение имеет смешанное правовое регулирование. В целом прослеживается общая идея законодателя – если стороны прекращают процесс посредством урегулирования спора своим волеизъявлением, то в принципе по общему правилу должны исключаться предположения о том, что такое соглашение может быть неправомерным, поскольку оно заключается на добровольной основе. Перечень случаев признания мирового соглашения недействительным является исчерпывающим и, как можно заметить, основания для оспаривания связаны с дефектом воли сторон. Такой подход является достаточно гибким и достаточным с точки зрения предоставления гарантий защиты прав и законных интересов. Думается, такой опыт можно было бы позаимствовать и для России.

По российскому же процессуальному закону обжаловать определение суда об утверждении мирового соглашения можно по основаниям, предусмотренным ст. 330 ГПК РФ (в силу ч. 1 ст. 333 ГПК РФ). Однако представленные законодателем основания для обжалования в ст. 330 ГПК РФ рассчитаны на обжалование, прежде всего, судебного решения – акта, которым разрешается дело по существу.

При представлении сторонами на утверждение суда мирового соглашения суд не разрешает властно спор. Метод ликвидации спора здесь иной – стороны собственными силами достигают компромисса, по-новому определяя взаимные права и обязанности, их содержание, порядок осуществления. Роль суда в данном случае заключается в обеспечении правомерности такого способа окончания процесса, обеспечения защиты прав и законных интересов как самих сторон, так и третьих лиц. В этом смысле суду не нужно устанавливать обстоятельства по делу, исследовать доказательства, производить квалификацию спорного правоотношения. Утвержденное мировое соглашение всегда является обоснованным, поскольку своим основанием имеет взаимное волеизъявление сторон. Законность мирового соглашения обеспечивается осуществлением контрольных функций суда при утверждении соглашения. Однако в отличие от судебного решения, при утверждении мирового соглашения суд не осуществляет правоприменение норм материального права к предмету процесса. Предмет правоприменения в данном случае у суда «изымается» частноправовой волей сторон.

В связи с этим вызывает сомнения эффективность такого механизма обжалования на сегодняшний день в процессуальном законодательстве России, что требует осмысления на доктринальном уровне и уровне законодателя.

Литература
1. Сахнова Т.В. Курс гражданского процесса: теоретические начала и основные институты. Волтерс Клувер, 2008.
2. Давыденко Д.Л. К вопросу о мировом соглашении // Вестник Высшего Арбитражного Суда. 2004. № 4.
3. Давыденко Д.Л. Мировое соглашение вне суда и его регулирование гражданским правом // Хозяйство и право. М., 2005. Приложение к № 2.
4. Новый Гражданский процессуальный кодекс Франции / Пер. с франц. В. Захватаев / Предисловие: А. Довгерт, В. Захватаев / Отв. ред. А. Довгерт, Киев: Истина, 2004.
5. Давыденко Д.Л. Придание судами исполнительной силы внесудебным мировым соглашениям: опыт Франции и некоторых других зарубежных стран // Российский ежегодник гражданского и арбитражного процесса. 2008-2009. № 7-8. СПб., 2010.
6. Переведенный текс Гражданского кодекса Франции: www.constitutions.ru/archives/416/27.

МЕЖДУНАРОДНЫЙ КОММЕРЧЕСКИЙ АРБИТРАЖ КАК АЛЬТЕРНАТИВНЫЙ СПОСОБ РАЗРЕШЕНИЯ СПОРОВ
Анна Николаевна Сандырева
Магистр кафедры гражданского и трудового права Российского университета дружбы народов: Адрес:улица Миклухо-Маклая, д.6, Москва, Россия, 117198, e-mail: Anet-nyusha006@mail.ru

Существуют постоянно действующие международные коммерческие арбитражи и *ad hoc*.

Прежде всего. следует отметить особенности международной унификации коллизионного и материально-правового регулирования договоров международной купли-продажи товаров привели к тому, что в последнее время международный коммерческий арбитраж стал самым популярным альтернативным государственному способом разрешения споров в международной торговле.

Причины такой популярности С.В. Николюкин видит в том, что международный коммерческий арбитраж имеет большие преимущества перед государственным правосуди. [1]

Эффективность арбитражной процедуры и её составляющие подробно исследованы арбитром и членом Президиума Международного коммерческого арбитражного суда при ТПП РФ, профессором А.Г.Быковым. Он предлагает при выяснении понятия эффективности арбитража и элементов, его составляющих, использовать такие критерии, как результативность деятельности. При этом в понятии «эффективность» А.Г.Быков выделяет материально-правовой и процессуально-правовой аспекты. Эффективность международного коммерческого арбитража в материально-правовом аспекте означает «способность арбитража в наибольшей степени обеспечить удовлетворение материально-правовых притязаний истца и соответственно материально-правовых возражений ответчика».[2 , с.75]

Напротив, О.Ю. Скворцов отмечает, что по сравнению с арбитражами *ad hoc* в последнее время неуклонно возрастает роль постоянно действующих третейских учреждений.[3]

Для разрешения разовых (*ad hoc*) споров ни один институт не указывается в качестве органа, занимающегося администрацией арбитражного / посреднического соглашения. Наиболее известные и чаще всего используемые правила в разовых арбитражных разбирательствах – это правила ЮНСИТРАЛ (UNCITRAL Rules), принятые в 1976 г. Комиссией ООН по праву международной торговли.[4] Ввиду частного характера таких разовых арбитражных разбирательств очень трудно установить их число.

Как показывает статистика, имеет значение и то, что случаи отмены государственными судами арбитражных решений, выданных арбитражными судами *ad hoc*, встречаются гораздо чаще, нежели случаи отмены решений, вынесенных в рамках постоянно действующих арбитражных учреждений[5, с. 295-296]

Независимо от того, идет ли речь об институционном арбитраже или же арбитраже *ad hoc*, при заключении арбитражных соглашений встает вопрос о составе суда, который выносит решение. В случае заключения договоров на небольшую сумму или имеющих небольшую степень риска в отношении возникновения разногласий достаточным может быть соглашение о разрешении спора единоличным арбитром. В качестве общего правила можно принять, что институционный арбитраж является более дешевым, чем арбитраж *ad hoc*, а разрешение спора единоличным арбитром обходится дешевле, чем в случае коллегиального состава суда из трех арбитров.

Как правило, делая выбор в пользу арбитража *ad hoc*, даже в случае, если ссылаются на какой - либо из названных регламентов, в арбитражной оговорке указывается орган, который предназначается для выполнения функции выбора арбитров и арбитражного председателя. Одним из широко используемых способов затягивания арбитражного разбирательства со стороны ответчика является медлительность в назначении арбитра или попытка воздействия на арбитров таким образом, чтобы они не смогли выбрать арбитра председателя.[6] Такой вариант не возможен в случае соглашения о разрешении спора постоянно действующим арбитражным судом, поскольку в регламенте всегда предусматриваются применяемые в таких случаях меры.

Также существует тесная связь между конкретными институционными арбитражами и арбитражами *ad hoc*. Одним из проявлений взаимодействия этих двух различных видов арбитража является практика содействия арбитражам *ad hoc* со стороны постоянно действующих арбитражных центров. Суть данной практики состоит в том, что при намерении сторон передать свои разногласия на рассмотрение арбитража *ad hoc* соответствующие арбитражные центры нередко оказывают помощь в назначении арбитров, принятии решений по вопросу об отводе арбитров или прекращении их полномочий по иным основаниям, организации слушания дела, включая предоставление для этой цели помещений, услуг переводчиков, современных технических средств связи и размножения материалов.[7]

В процессуальном плане эффективность может быть оценена с позиции процессуального положения сторон. Их процессуальный интерес состоит «в такой арбитражной процедуре, которая обеспечивала бы достижение конечного результата – вынесение с наименьшими для них затратами ожидаемого ими решения, отвечающего по качеству требованиям неоспоримости (невозможности отмены) и исполнимости (невозможности отказа от приведения его в исполнение)» .[8, с.76]

Председатель Международного коммерческого арбитражного суда при ТПП РФ, вице-президент Международной федерации коммерческих арбитражных институтов (IFCAI), профессор А.С. Комаров отмечает, что «по сравнению с государственным судом, если речь идет о том, что из сделки могут возникнуть только мелкие споры (на несколько десятков или даже несколько сотен тысяч рублей), или если минимальна вероятность применения иностранного права или международных документов, то нет смысла идти в МКАС.[9] Это будет уже несоразмерно дорого. Причина в том, что процедура арбитража требует достаточно высокой квалификации юристов.

Следовательно, эффективность международного коммерческого арбитража в таких торговых спорах с позиции процессуального положения сторон будет снижена.

Таким образом, в последнее время в практике международного коммерческого арбитража возник ряд негативных моментов. Главные изменения - усложнение процедуры арбитражных разбирательств и увеличение времени рассмотрения торгового спора.

На практике нередки случаи, когда дело длится более продолжительное время. Это может стать результатом сложности дела, когда для его завершения требуется провести два, три или более заседаний арбитража.

С целью повышения эффективности международного коммерческого арбитража ведущие зарубежные арбитражные институты выработали упрощенные и ускоренные процедуры (ускоренный арбитраж или *fast-trackarbitration*) для разрешения небольших по сумме споров. Они предполагают не только более простой порядок формирования решающего состава, но и более гибкие процессуальные правила рассмотрения споров (например, проведение единственного слушания по делу, ограниченное количество процессуальных документов от сторон, краткая форма мотивировки решения).

В практике также используются механизмы, позволяющие в соответствующих случаях упрощать арбитражную процедуру. В частности, речь идет о формировании арбитражного состава при незначительной цене иска, когда решающий состав будет состоять не из трех арбитров, а из единоличного арбитра. Более короткий срок формирования арбитражного состава отразится на общем сроке арбитражного разбирательства и даст существенную экономию материальным затратам сторон. Следовательно, ускоренные и упрощённые процедуры международного коммерческого арбитража позволяют повысить его эффективность в материально-правовом аспекте.

В международной арбитражной практике применение упрощенных процедур пока еще не очень распространено. Дело в том, что выбор процедуры рассмотрения спора – это прерогатива сторон, а знать заранее, в момент заключения арбитражного соглашения, о степени сложности и объеме фактических обстоятельств, доказательственной базе, естественно, не представляется возможным. Кроме того, субъективные оценки этих обстоятельств могут значительно различаться у спорящих сторон.

В настоящее время, по словам А.С. Комарова в Международном коммерческом арбитражном суде при ТПП РФ рассматривается меньше незначительных по суммам споров, причины которых кроются в профессиональной некомпетентности контрагентов или их юридических советников, что и приводит к ошибкам при заключении или исполнении контрактов, либо в неспособности контрагентов найти альтернативный способ решения спорных проблем, не прибегая к формальным судебным методам. Теперь предъявление иска в Международный коммерческий арбитражный суд при ТПП РФ происходит, как правило, в случае, когда разногласия действительно существенно затрагивают интересы спорящих сторон и разрешить их без обращения в арбитраж сторонам не удается. [10, с. 82-90] В целом это приводит к тому, что такой критерий международного коммерческого арбитража, как результативность деятельности, значительно улучшается.

В последнее время растет популярность арбитражных разбирательств *он-лайн*, при которых участники разбирательства виртуально присутствуют в арбитраже. [11]

Рассмотрение торговых споров в международных коммерческих арбитражах является альтернативным государственному правосудию способом, в то время как использование альтернативного разрешения споров (АРС) (alternative dispute resolution, ADR) является альтернативой «альтернативы».

Отличительными чертами альтернативных способов рассмотрения и разрешения торговых споров являются обязательность, нейтральность, конфиденциальность, быстрота и финансовая составляющая. К этому списку можно добавить принцип гибкости. При разрешении спора можно использовать различные способы его разрешения.

Согласно современной доктрине существуют следующие способы такого разрешения:
 - нейтральнаяоценка (early neutral evaluation)
 - комиссии по рассмотрению споров (disputereviewboards)
 - заключение эксперта (expertdetermination)
 - посредничество (mediation)
 - вынесение судебного решения (adjudication)
 - арбитраж (arbitration)
 - судебный процесс (litigation), а также их сочетание.

Эти способы можно использовать как методы предотвращения возникновения спора. Конечный результат разрешения спора напрямую зависит от выбора процедуры. Будет ли вынесенное решение обязательным, достаточно ли для разрешения спора только экспертного заключения, сколько необходимо время для разрешения спора, сколько необходимо провести судебных слушаний, сколько договаривающихся сторон может участвовать в процессе и сколько договоров, ответы на эти вопросы зависят от выбора процедуры разрешения спора.

АРС понимается как несудебный способ разрешения споров, среди которых посредничество является наиболее часто используемым способом.

В сущности, посредничество является способом урегулирования споров путем переговоров, проведенных с помощью участия нейтральной третьей стороны. Процесс является добровольным и не ведет к обязательному исполнению решения, стороны сами решают для себя исполнение данного решения.[12]

В большинстве коммерческих споров, где нет необходимости вынесения обязательного для сторон решения, стороны выбирают процедуру посредничества. Посредничество является наиболее подходящим способом разрешения спора, в тех случаях, где стороны стремятся к сохранению или продлению их коммерческого сотрудничества.

Процедура посредничества будет более короткая и экономичная, чем например процедура арбитражного разрешения спора.

Широкое распространение процедура *alternativedisputeresolution (ADR)* - или альтернативного разрешения споров (АРС) [13],а именно: ведение переговоров с целью отыскания компромисса, выработки соглашения по спорным вопросам *(negotiation)*.

В силу реформирования досудебного разбирательства предусмотрено рассмотрение торговых (коммерческих) споров с помощью посреднических процедур, или разрешение споров на ранней стадии судопроизводства при совместном построении работы судьи и сторон [14]

При процедуре посредничества *(mediation)* третье лицо (чаще всего адвокат, солиситор), избранное спорящими сторонами, исследует их позиции в возникшем конфликте, обсуждает с ними возможные варианты его разрешения.

Стороны могут не только договориться о назначении посредника, но и наделить его дополнительным, факультативным полномочием - в том случае, когда достигнуть компромисса не удается, он должен выступить в качестве арбитра и разрешить спор по существу. Такой вариант соглашения - в английской литературе его обозначают термином *mediation-arbitration (med-arb)* - удобен тем, что посредник уже знаком с обстоятельствами дела, позициями сторон (тем более, если он получил доступ к конфиденциальной информации) и способен принять правильное решение.[15] Стороны могут передать материалы для изучения всех спорных вопросов или их части эксперту. Его заключение формально не является для них обязательным, но может повлиять на ход переговоров. Эта форма альтернативного производства именуется *expertappraisal (экспертным исследованием).*[16]

Альтернативные способы преодоления разногласий вызывает растущий интерес в мире. В связи с этим в рамках Комиссии ООН по праву международной торговли (ЮНСИТРАЛ) в 2002 г. завершена разработка Типового закона о международной коммерческой согласительной процедуре. [17] Причиной растущей популярности ADR служит стремление деловых кругов к быстрому и эффективному разрешению разногласий. Так, *Wolf Von Kumberg* приводит примеры из своей практики для крупных компаний, для которых ADR является наиболее предпочтительным.[18]

В России уже создан Центр арбитража и посредничества Торгово-промышленной палаты Российской Федерации, но его популярность невелика из-за отсутствия чёткого законодательного определения понятий медиации и посредничества в Российской Федерации.[19]

Особого внимания при этом заслуживает Концепция совершенствования Раздела VI ГК РФ «Международное частное право» [20], в котором должны быть рассмотрены, в том числе и вопросы *ADR*.

Между тем И.С. Зыкин отмечает, что участие в согласительной процедуре накладывает на посредника и стороны некоторые обязательства, касающиеся судебных и арбитражных разбирательств. При достижении мирового соглашения стороны могут договориться об избрании лица, выполнявшего функции посредника, с его согласия, арбитром для того, чтобы зафиксировать мировое соглашение в виде арбитражного решения на согласованных условиях. Тем самым создаются дополнительные правовые рычаги для обеспечения выполнения мирового соглашения и повышения эффективности международного коммерческого арбитража в процессуальном аспекте.[21, с.16-24] С юридической точки зрения действие рассматриваемого правила имеет результатом переход от одного способа разрешения споров - согласительной процедуры, к другому — коммерческому арбитражу. Такой переход влечет применение соответствующих правовых норм, касающихся международного коммерческого арбитража. Относясь к ADR, согласительная процедура не является той альтернативой, которая полностью исключает другие способы разрешения разногласий. Важным фактором, как отмечает И.С. Зыкин, является наличие у участников делового оборота надлежащего представления об имеющихся правовых средствах разрешения споров, а также умения сориентироваться в них с учетом данного случая в целях правильного выбора. Посредничество при соответствующих условиях, в том числе, при готовности сторон к сотрудничеству, их обоюдном желании достичь урегулирования, может способствовать достаточно быстрому и эффективному разрешению разногласий, экономии сил, времени и средств, сохранению доверия между сторонами.[22]

Именно эти процессы, по-видимому, и вызывают тенденции к упрощению, ускорению и удешевлению процесса разрешения торговых споров - альтернативным формам разрешения споров (*ADR*) с целью восстановить преимущества международного коммерческого арбитража.

В последнее время в Бразилии появилось более 100 центров альтернативного урегулирования споров. Многие из этих центров имеют в своих регламентах процедуру международного коммерческого арбитража.

Наиболее успешным из таких центров можно считать – Центр медиации, посредничества и арбитража (CentrodeMediação, ConciliaçãoeArbitragem), сокращенное наименование - ConciliarBrasil. Указанный центр был образован в 2006 году в городе Палмас. Им рассматривается около 50 дел ежегодно. За весь период своей деятельности с 2006г. по 2010г. Центром было рассмотрено 253 дела.

Второе место по количеству рассмотренных дел занимает Центр Арбитража и медиации при Бразильско-Канадской Торговой Палате (CentrodeArbitragemeMediação). Центр был образован в 1979г. в Сан Паулу, втором по величине городе Бразилии. Ежегодно Центр рассматривает от 10 до 20 дел. Всего этим центром было рассмотрено 199 дел.

На третье место можно поставить Бразильскую Палату по Арбитражу в области предпринимательской деятельности (CвmaradeArbitragemEmpresarialdeSгoPaulo (SPArbitral). Английский перевод - BrazilianChamberofCommercialArbitration (Бразильская Палата коммерческого арбитража). Сокращенное наименование – CAMARB. Палата была образована в 1999г. Ежегодно Палата рассматривает от 10 до 50 дел. Всего с 1999г. По 2010г. Палатой было рассмотрено 101 дело.

На четвертом месте – Институт медиации и арбитража Сан Паулу (InstitutodeMediaçãoeArbitragemPaulista). Сокращенное наименование - IMAP. Данный центр был создан сравнительно недавно – в 2007 году; за три года своей деятельности им было рассмотрено 45 дел.

Как можно заметить – 3 из наиболее успешных арбитражных центра Бразилии расположены в городе Сан Паулу. Каждый из указанных центров предлагает услуги по арбитражу, медиации, посредничеству и другим видам альтернативного разрешения споров. Все центры имеют свои сайты в Интернете, в том числе на английском языке. На сайте можно ознакомиться с учредительными документами этих центров, регламентами по проведению арбитража, медиации, посредничества и других способов альтернативного урегулирования споров, основными законодательными актами в области международного коммерческого арбитража в Бразилии.

В 2002 г. был принят Гражданский кодекс Бразилии (Novocodigocivil). Глава XX раздела VI «Виды договоров» нового ГК Бразилии озаглавлена «Арбитражное соглашение» и содержит 3 статьи, регулирующие порядок заключения арбитражного соглашения (ст. 851, 852 и 853). Ст. 852 ГК Бразилии запрещает заключать арбитражное соглашение и передавать на рассмотрение третейских судов государственные споры и личные семейные споры, которые могут разрешаться исключительно государственными судами.

Окончательно первая модель арбитражного соглашения была урегулирована в Гражданском Кодексе Бразилии (Глава X. Арбитражное соглашение. Ст.ст.1.037 – 1.048). В ст. 1.037 и 1.038 ГК Бразилии было закреплено: «Любое уполномоченное дееспособное лицо в любое время может заключить письменное соглашение о разрешении спора арбитрами в судебном или внесудебном порядке. Соглашение может быть судебным или внесудебным.»

Увеличение объема прямых иностранных инвестиций в экономику страны, что привело к росту международного товарооборота и повлияло как на увеличение количества споров в области международной торговли, так и на увеличение количества центров, которые потенциально могут урегулировать подобные споры.

Приведение в исполнение иностранных решений международных коммерческих арбитражей на территории практически любого государства *(enforcement)*, независимо от места принятия, регулируется Нью-Йоркской конвенцией 1958 г. В настоящее время Нью-Йоркская конвенция 1958 г. ратифицирована в Бразилии (в 2002 г.).

При приведении в исполнение решений международных коммерческих арбитражей на территории других стран истец обращается к соответствующим судебным властям на основании действующих соглашений между государствами по исполнению решений. При этом суд не вправе вновь рассматривать дело по существу, а только отслеживает соблюдение процессуальных требований и следит за тем, чтобы при исполнении решения не был нарушен публичный порядок страны исполнения.

Условия исполнения решений иностранных международных коммерческих арбитражей на территории Бразилии носят общий характер. К ним относятся: вступление решения в законную силу; соблюдение срока исковой давности; соблюдение процессуальных прав сторон; требование компетентности суда; отсутствие тождественного спора; соответствие публичному порядку.

Литература

1. Николюкин С.В. Соотношение компетенции международного коммерческого арбитражного суда и суда общей и специальной юрисдикции.//Право и экономика, 2007. -№ 1.

2. Быков А.Г. Многообразие форм арбитражных процедур как фактор эффективности деятельности международного коммерческого арбитража.// Международный коммерческий арбитраж: современные проблемы и решения: Сборник статей к 75-летию Международного коммерческого арбитражного суда при Торгово-промышленной палате Российской Федерации // под ред. А.С.Комарова; МКАС при ТПП РФ.- М.:Статут, 2007. - С. 75.

3. Скворцов О.Ю. Третейское разбирательство предпринимательских споров в России: проблемы, тенденции, перспективы. - Волтерс Клувер, 2005 г.

4. Данные Официального Сайта Комиссии Организации Объединенных Наций по праву международной торговли [Электронный ресурс] / — Режим доступа:http://www.uncitral.org/uncitral/en/index.html

5. Гаврилов В.В. Международное частное право: учебник–М.: Международные отношения, 2002. – С. 295 - 296.

6. Roth M. False Testimony at International Arbitration Hearings Conducted in England and Switzerland – A Comparative View//11 Journal of International Arbitration (Geneva, Werner Publishing Ltd., 1994).

7. Сайт The Central Arbitration Committee [Электронныйресурс] / — Режимдоступа:http://www.cac.gov.uk/index.htm

8. Быков А.Г. Там же. С. 76.

9. А.С. Комаров имеет в виду Международный коммерческий арбитражный суд при Торгово-промышленной палате Российской Федерации

10. Трикоз Е.Н. Влияния новых методов регулирования международных торговых споров на деятельность МКА. Интервью с А.С. Комаровым, председателем МКАС при ТПП РФ. //Арбитражное правосудие в России, №12. -2007. -С. 82-90.

11. Сайт Lovells Arbitration Site On-Line Help / A comparative table of the rules of the AAA, ICC, LCIA and WIPO [Электронныйресурс] / — Режимдоступа:http://www.lovells.com/Arbitration/OnLineHelp.aspx

12. Данные Официального сайта Группы АРС (ADRGroup) [Электронный ресурс] / — Режим доступа:www.adrgroup.co.uk (перевод автора)

13. The Lord Chancellor's strategy for implementing Lord Woolfs review of the procedures of the civil courts «The Way Forward».

14. Сайт Acts of the UK Parliament and Explanatory Notes [Электронныйресурс] / — Режимдоступа:http://www.opsi.gov.uk/acts#content

15. Данные Официального сайта Международного центра по разрешению споров (TheInternationalDisputeResolutionCentre) [Электронный ресурс] / — Режим доступа:http://www.idrc.co.uk/ (перевод автора)

16. Данные Официального сайта Группы АРС (ADRGroup) [Электронный ресурс] / — Режим доступа:www.adrgroup.co.uk (перевод автора)

17. Данные Официального Сайта Комиссии Организации Объединенных Наций по праву международной торговли [Электронный ресурс] / — Режим доступа:http://www.uncitral.org/uncitral/en/index.html

18. Wolf Von Kumberg. The future for mediation in Europe//Centre for Effective Dispute Resolution, London , September 2007:«ADR as the preferred means of dispute resolution for multinationals. In my discussions with the general counsel for companies like Nestlé, GE Europe and British American Tobacco, these companies have actually put policies in place requiring ADR to be used whenever possible».

19. Данные Официального сайта Центра эффективного разрешения споров (CentreforEffectiveDisputeResolution -CEDR) [Электронный ресурс] / — Режим доступа:http://www.cedr.com/ (перевод автора)

20. Концепция совершенствования Раздела VI Гражданского Кодекса Российской Федерации «Международное частное право» / Проект, рекомендован Президиумом Совета при

Президенте РФ к опубликованию в целях обсуждения (протокол от 13 мая 2009 г.)

21. Зыкин И.С. Практика применения средств защиты прав продавца и покупателя по Венской конвенции 1980 г.: Январь - март // Международный коммерческий арбитраж: Январь - март. - М.: Волтерс Клувер, 2007. - № 1. - С. 16-24.

22. Зыкин И.С. Практика применения средств защиты прав продавца и покупателя по Венской конвенции 1980 г.: Январь - март // Международный коммерческий арбитраж: Январь - март. - М.: Волтерс Клувер, 2007. - № 1. - С. 16-24.

ДЕСТРУКТИВНАЯ РОЛЬ РЕЦЕПЦИИ ПРАВА В ПРАВОВОЙ ЖИЗНИ ОБЩЕСТВА
Сергей Витальевич Ткаченко
доцент кафедры Социальные технологии и право Самарского государственного университета путей сообщения

В современных международных условиях рецепция права является единственным правовым институтом, который служит проводником иностранного влияния, зачастую направленного на замедление процессов модернизации в рамках информационно-психологической войны, на нанесении обществу культурной травмы. Особую роль в настоящих условиях играет так называемая «война культур», непосредственно связанная с рецепцией политико-правовых ценностей. Поэтому неудивительно определение содержания рецепции как «культурной мутации», так как рецепция меняет весь правовой строй общества (Ж. Карбонье, В.В.Чемеринская, Г.К. Варданянц), приводит к длительной и болезненной аккультурации (С.И. Кривцов), к юридической декультурации (Н. Рулан). В определенных случаях признание факта рецепции правовых ценностей приводит к возникновению теорий о неспособности той или иной цивилизации к самостоятельному развитию, что наносит культурную травму общественному сознанию и служит основанием для научных и политических спекуляций. В этой роли выступает так называемая норманнская теория, основателями которой утверждалось, что как государственность, так и свое имя «Россия» были получены от скандинавов. Норманская теория с момента своего возникновения востребована как в России, так и на Западе у политологов, юристов, а также в среде политиков. Так, нельзя игнорировать и тот факт, что А. Гитлер являлся приверженцем этой теории и с помощью ее пришел к выводу о том, что развитие России является только заслугой германского влияния. На норманскую теорию ссылаются также и для оправдания некоторых особенностей развития древнерусского государства и права. В такой рецепции российские исследователи видели не только благо, но и «корень зла», она обвинялась даже в порче славянского народа. Своей идеологической основы данная теория не утратила и в настоящее время.

Таким образом, норманская теория, рассматривающая проблемы рецепции иностранного права в древнерусское, развела научное общество на две стороны – сторонников и противников такой рецепции. Здесь признание полномасштабной рецепции таких политико-правовых ценностей отрицает возможность к государственно-правовому строительству русских и дает возможность создания русофобских теорий. Отрицание такой рецепции позволяет проявить патриотические настроения, создав основу для идеологии державности и российского суверенитета.

SECTION 9.
Educational Sciences (Педагогические науки)

МОДЕЛИРОВАНИЕ ШИРОКОПРОФИЛЬНОЙ ЦЕЛОСТНО-СИСТЕМНОЙ ДЕЯТЕЛЬНОСТИ
С. А. Мищик
Государственный Морской Университет имени адмирала Ф. Ф. Ушакова, Новороссийск, Россия, sergei_mishik@mail.ru

Моделирование целостно-системной учебной деятельностистудентов в процессе широкопрофильной подготовки пофундаментальным общеобразовательным курсом связывается с формированием системного типа ориентировки, как в учебном предмете, так и в структуре самой деятельности. Обобщённой формой такого единства выступает целостно-системный цикл учебной жизнедеятельности. Множество таких циклов формируют гиперпространство профессиональной и социальной активности.

Процесс становления самостоятельной учебной деятельности состоит из четырёх основных этапов: 1) формирование представлений о целостно-системном цикле жизнедеятельности; 2) изучение основ общей психологической теории деятельности; 3) применение на практике основных действий системного анализа; 4) использование теории поэтапного формирования умственных действий в реальной учебной и социальной деятельности.

Реализация этих теоретических представлений приводит к новым формам коммуникативной деятельности, общей самоорганизации всего учебного процесса, изменению восприятия учебной информации, совершенствованию форм воспроизводства учебного материала, преобразованию содержания учебно-лекционного материала по системному основанию, изменению собственных форм самостоятельной учебной жизнедеятельности.

Анализ окружающей учебно-профессиональной и социальной активности представляем в виде двенадцати основных элементов целостно-системного цикла жизнедеятельности: 1) исходное состояние субъекта; 2) всеобщая структура деятельности; 3) выделение заданных средств деятельности; 4) выбор соответствующей схемы технологии; 5) определение собственного предмета деятельности; 6) установление заданных параметров контрольной деятельности; 7) выделение продукта деятельности, как промежуточной подцели развития субъекта жизнедеятельности;8) выбор ритуальной деятельности, как деятельностного образа полученного продукта; 9) определение опредмеченной потребности деятельности, как смещённого материального элемента целостно-системного цикла; 10) установление восходящей деятельности, как функциональной формы целостно-системного цикла; 11) выделение неустойчивой компаундной формы субъекта; 12) выбор развивающей деятельности, как завершающей формы процесса становления первого этапа целостно-системного цикла, который порождает обновлённого субъекта жизнедеятельности и задаёт условия для начала следующих этапов формирования и развития новых целостно-системных циклов, которые порождают гиперпространство жизнедеятельности.

Таблица 1.
Основные структурные формы целостно-системного цикла

№ п/п	1	2	3	4	5	6
Материальная форма	Начальный субъект	Средства	Предмет	Продукт	Потребность	Компаунд-субъект
Деятельностная форма	Деятельность	Технология	Контроль	Ритуал	Восхождение	Развитие

Многоуровневый анализ процесса жизнедеятельности позволяет выделить следующие шесть уровней анализа: 1) жизнедеятельность; 2) жизнедействие; 3) жизнеоперация; 4) деятельность; 5) действие; 6) операция.В процессе формирования новой деятельности, действия и операции важно выделить условия возникновения каждого подуровня. Тогда деятельность определяется множеством действий и задаётся потребностью деятельности. При этом деятельность выступает в качестве единицы социальной и биологической жизни человека. Действие состоит из ориентировочного, исполнительного и контрольного компонентов. Именного ориентировочный компонент образует оперативные схемы мышления, и его системная структура определяет скоростные качества субъекта жизнедеятельности. Операция является автоматизированной формой действия. Она возникает в процессе практического применения выделенного действия многократно. Жизнедеятельность формируется в процессе представления гиперпространства опредмеченной потребности и состоит из множества жизнедействий. Жизнедействие есть основная единица жизнедеятельности и задаётся глобальной целью развития целостно-системного цикла. Жизнеоперация определяет автоматизированноежизнедействие и устанавливает мгновенный момент существования целостно-системного цикла.

Каждый элемент целостно-системного цикла жизнедеятельности, так и гиперпространство, можно исследовать исходя из последовательности действий системного анализа: 1) выделяем объект изучения как систему; 2) устанавливаем её порождающую среду; 3) определяем целостные характеристики объекта по восьми свойствам: пространственным, временным, гравитационным, силовым, энергетическим, ориентационным, исполнительным, контрольным; 4) анализируем уровни строения объекта: гипер, мего, реальный и микроуровни; 5) выделяем структуру каждого уровня; 6) устанавливаем структурные элементы; 7) определяем системообразующие связи каждого уровня; 8) анализируем межуровневые связи; 9) выделяем форму организации системы; 10) устанавливаем системные свойства объекта по параметрам сложности, упорядоченности и разнообразия;11) определяем поведение системы; 12) анализируем перспективы развития системы.

Процесс формирования самостоятельной учебной жизнедеятельности следует через двенадцать этапов: 1) ориентационный этап; 2) мотивационный этап; 3) визуальный этап; 4) акустический этап; 5) калориметрический этап; 6) термодинамический этап; 7) обонятельный этап; 8) материальный этап; 9) рецепторный этап; 10) речевой этап; 11) письменный этап; 12) внутренний этап.

В целом это вызывает новые формы самостоятельной учебной деятельности с применением интернет-технологий, а также <u>традиционных форм записи и учёта информации и учебного времени</u>: ведение дневника учебных действий, переработанные лекционные и практические материалы; анализ расчётов, отчётов по лабораторным работам; применение прикладных пакетов компьютерных расчётных программ. Это формирует оперативные формы самостоятельной учебной деятельности, на основе системного типа ориентировки в учебном предмете и самой жизнедеятельности, широкопрофильного основания.

Дальнейшее развитие теории деятельности, системного анализа, теории формирования интеллекта определяет математическое моделирование целостно-системного учебного процесса в рамках новой науки – ПЕДАГОГОМЕТРИКИ, аналогичной ЭКОНОМЕТРИКЕ применяемой в экономическом анализе производства.

В настоящее время в практике психолого-педагогических исследований применяются следующие методы математического моделирования и исследования: 1) метод знаков, метод серий, метод Манна – Уитни (Уилкоксона); 2) экспертное оценивание; 3) коэффициент конкордации; 4) основные типы шкал; 5) шкалирование латентных параметров; 6) модели и методы сравнительного шкалирования; 7) попарные сравнения; 8) шкалирование по Гуттману; 9) Q-сортировка; 10) шкалирование по Тёрстоуну; 11) несравнительное шкалирование; 12) шкала Лайкерта; 13) шкала семантического дифференциала; 14) шкала Стэпела; 15) визуализация результатов многомерного шкалирования и карты восприятия; 16) исследования надежности;17) исследования валидности; 18) таблицы сопряженности и меры связи признаков; 18) сравнительный анализ различных мер связи в таблицах сопряженности; 19) дисперсионный анализ;20) модель латинского квадрата; 21) модель регрессионного анализа; 22) модель номинального регрессионного анализа; 23) оценивание качества регрессионной модели; 24) полная, множественная, частная корреляции при интерпретации базы данных; 25)модель главных компонентов в анализе базы данных; 26) модель факторного анализа в анализе данных социологического исследования; 26)интерпретация результатов факторного анализа с помощью атрибутивной карты восприятия;27) модель канонических корреляций; 28) модель кластерного анализа базы данных; 29) модель дискриминантного анализа базы данных; 30) модель конджойнт-анализа базы данных; 31) модель пат-анализа базы данных; 32) модель лонгитюдного анализа базы данных; 33) модель контент-анализа базы данных.

При автоматизации процесса обработки базы данных психолого-педагогических исследований применяют программу SPSS. При помощи этой программы можно создавать и редактировать базы данных, считывать их из файлов любого типа и работать с ними, создавая табличные отчеты, строя графики и диаграммы различных распределений и временных рядов, вычислять описательные статистики и выполнять статистический анализ.

Программа SPSS позволяет проводить: агрегирование данных; разделять переменные; формировать агрегируемые переменные; создавать новые файлы данных; выражать агрегирующие функции; отбирать подмножества наблюдений по условию; использовать переменный фильтр; генерировать случайные выборки; выбирать интервалы наблюдений.

На базе программы SPSS можно анализировать одномерные частотные распределения, получать значения частот и статистик, частотные статистики, диаграммы частот, организовывать работу с таблицами, рассчитывать среднее арифметическое, медиану, моду, дисперсию, стандартное отклонение, процентили распределения; вычислять доверительный интервал среднего значения, для оценки доли и t-статистику; формировать математическую модель и статистики одномерного распределения - показатели качества модели.

Программа SPSS позволяет исследовать двумерные частотные распределения; формировать модели статистической связи в двумерных таблицах; устанавливать идею коэффициента связи; определять коэффициент связи Хи-квадрат и производные от него коэффициенты для номинальных шкал. Это позволяет создать систему педагогометрического моделирования целостно-системной учебной деятельностистудентов в процессе широкопрофильной подготовки по фундаментальным общеобразовательным учебным предметам.

Знание статистических методов математического моделирования в обработке базы данных педагогического эксперимента позволяет планировать эксперимент на стадии его подготовки. Если до начала эксперимента выявлено статистически значимое различие характеристик экспериментальной и контрольной групп по выделенному критерию то проводить эксперимент не имеет смысла, так как никакие результаты сравнения характеристик этих групп после окончания эксперимента, не позволят выявить вклада сравниваемого с традиционным педагогического воздействия.

Общая математическая модель проведения педагогического эксперимента, включает различные виды математического моделирования: 1) выбор шкалы наименований (номинальная шкала), порядка (ординальная шкала), шкалы интервалов, шкалы отношений; 2) планирование расчета коэффициентов полноты выполнения заданий; 3) формирование процесса сравнения результатов двух выборок; 4) планирование перевода оценок из интервальной шкалы в шкалу порядка; 5) установление общей схемы математического образа данного педагогического явления.

Главная проблема современной педагогометрики – отсутствие общей меры учебного действия, деятельности и операции, которая бы отражала структуру действия веёориентировочном, исполнительном и контрольном компонентов. Общая мера информации при этом является составляющей процесса познания. Поэтому разработка математической модели учебного действия и целостно-системного цикла является одной из актуальных проблем формирования целостно-системной личности.

ИННОВАЦИОННЫЙ ХАРАКТЕР РАБОЧЕЙ ПРОГРАММЫ В ПРОФЕССИОНАЛЬНОЙ ДЕЯТЕЛЬНОСТИ УЧИТЕЛЯ В УСЛОВИЯХ ФГОС
Н. С. Титова
МБОУ СОШ № 9, г. Абакан, Республика Хакасия, Россия
E-mail: vtitov12@rambler.ru

Преобразования, происходящие в российском обществе и в системе современного образования, предъявляют новые требования к профессиональной деятельности учителя, его готовности к нововведениям. Ориентация ФГОС на требования к результату образования обязывает формировать у учителя новые качества профессионала-менеджера. Важнейшей особенностью новых стандартов является их опора на системно-деятельностную парадигму образования. На формирование профессиональной компетенцииучителя, в соответствии с этими требованиями, существенное влияние оказывает разработка рабочей программы.

Новые учебно-методические комплекты (УМК) по английскому языку имеют различные виды учебного материала - информативный, дидактический, диагностический и др., которые оказывают существенную помощь учителю в подготовке к занятиям.

В данной статье рассматриваются практические разработки новых структурных элементы модифицированной (инновационной) рабочей программы учителя, так как материал УМК, предназначенный для усвоения, по глубине и общему содержанию выше требований образовательного стандарта. В этих разработках конкретизированы нормы и требования, обуславливающие обязательный минимум содержания учебного курса по предмету. Определено, как обеспечивается связь между требованием стандарта и системой оценки планируемых результатов освоения образовательной программы с учётом возможностей информационного, методического, технического обеспечения учебного процесса, уровня подготовки учащихся. Так, в «Книге для учителя» «Английский язык – 5» (авторы – В.П. Кузовлев, Н.М. Лапа и др.) определены цели и задачи на учебный год, даны рекомендации по организации процесса обучения и проведению уроков и даже подробные сценарии уроков, различные приложения. Всё это освобождает учителя от документального отображения некоторых элементов рабочей программы, которую предлагают органы образования. У авторов современных УМК имеется и готовое календарно-тематическое планирование, нормы оценки ЗУН или критерии оценивания уровня знаний учащихся и т.д., которые целесообразно включить в структурные разделы рабочей программы, представив всё перечисленное в виде таблицы (см. *Приложение*)

Приложение 3

СОДЕРЖАНИЕ, ЦЕЛИ И ЗАДАЧИ ОБУЧЕНИЯ, ТРЕБОВАНИЯ К УРОВНЮ ПОДГОТОВКИ УЧАЩИХСЯ ПО ИНОСТРАННОМУ ЯЗЫКУ В 5 КЛАССЕ (английский язык)

УМК Кузовлев В.П. и др., учебник «English – 5», М., Просвещение, 2008г (апробация учебной программы на основе ФГОС) (уровень начальной языковой подготовки)

Содержание (учебные темы)	Цели, задачи обучения	Требования к уровню подготовки	
I. Лингвострановедческая и социально-культурная тематика. II. Орфография. Произносительная, лексическая, грамматическая стороны речи. *учебные темы: (личностная ориентация)* 1. Откуда Вы? (знакомство с британскими и американскими сверстниками, страны и города, национальная еда, праздники). 2. Что Вы имеете? (родственники, любимые книги, животные, предметы, любимые блюда и т.д.) 3. Что Вы можете делать? (путешествовать по Великобритании и её столице, делать покупки, праздновать день рождения, играть на музыкальных инструментах, в спортивные игры, читать и т.д.) 4. Что Вы любите делать? (смотреть телевизор, играть, говорить на иностранных языках, заниматься спортом, слушать музыку и т.д.)	Овладение базовым уровнем английского языка в соответствии с требованиями образовательного стандарта. Овладение иностранным языком как средством общения и осознание системы изучаемого языка. Накопление лексического материала (учебный аспект). Развитие лингвистических способностей, психических процессов и свойств личности ученика: мышление, память, внимание и т.д. (развивающий аспект). Познание и сопоставление элементов культуры стран изучаемого языка с соответствующими элементами российской и хакасской культуры /РК/ (познавательный аспект). Воспитание личности ученика через усвоение общечеловеческих ценностей, самостоятельности и уважения к отечественной и иноязычной культуре (воспитательный аспект). Формирование устойчивого интереса и мотивации к дальнейшему изучению английского языка. Реализация комплексного подхода к овладению ИК (иноязычной культуры). Получение учащимися опыта учебной, познавательной, коммуникативной и практической деятельности.	Формирование общеучебных умений и навыков
- навыки адекватного произношения и различия на слух звуков английского языка;
- навыки орфографии;
- навыки чтения коротких аутентичных текстов;
- навыки восприятия иноязычной речи на слух в умеренном темпе;
- формирование лексические и грамматические навыки речевого общения.
- умение читать по транскрипции на уровне слова, синтагмы, простого предложения;
- умение применять правила чтения гласных и согласных букв на практике;
- умение понимать иноязычную речь на слух
- умение работать со словарём, пользоваться лингвострановедческим справочником, аббревиатурой;
- умение пользоваться грамматическими правилами по таблицам, памяткам и другим опорам;
- умение написать поздравление, письмо, составить меню и т.д. по образцу;
- учиться уметь рассказывать о себе, семье, друге, страноведческая тематика УМК и вести элементарный диалог - по речевому образцу.	Целостное представление содержания образования. Поэтапное развитие элементарной коммуникативной компетенции учащихся в устной и письменной речи. Готовность учащихся использовать усвоенные знания, умения и способы деятельности в стандартных ситуациях. Уровень обученности учащихся в соответствии с их ценностными установками по изучению данного предмета, но не ниже требований, предусмотренных федеральным образовательным стандартом.

средняя общеобразовательная школа № 9, г. Абакан   Учитель английского языка   Титова Н. С.

Вспомогательный учебный материал по профессиональной деятельности учителя отражён методистами в дополнительной методической литературе.

Полагаю, что переносить что-либо из УМК и огромного разнообразия публикуемой дополнительной методической литературы в рабочую программу не имеет смысла, ведь для нас их разработали опытные методисты, авторы УМК, учёные.

Предпосылкой к созданию модифицированной (инновационной) рабочей программы учителя послужила продолжительная педагогическая деятельность автора настоящей статьи по своей методике обучения иностранному языку с применением педагогической концепции В.М. Монахова **[10]**, которая вооружила новым инструментарием для структурирования учебного материала и для организации управления учебным процессом на уровне класса (учебной группы). <u>Карта – проект, технологические карты /ТК/, и книга для учителя</u> из учебно-методического комплекта (или создаваемые учителем информационные карты урока /ИКУ/, предусмотренные автором педтехнологии) – <u>это основные рабочие документы по-новому работающего учителя</u> **[2, 11]**.

Технологический процесс обучения упорядочивает и приводит в систему деятельность преподавателя и обучаемых, позволяет видоизменять рабочую программу в зависимости от профессионализма, творческих способностей разработчика и контингента обучающихся. Рабочая программа приобретает инновационный характер и становится потребностью в профессиональной деятельности учителя; изменяются функции учителя в обучении, воспитании и развитии учащихся; начинает действовать механизм управления процессом обучения в деятельности учителя и методического объединения школы; происходит перестройка внутри школьной системы образования. В учебной деятельности успешно реализуются разрабатываемые самим учителем дидактические проекты (модули), представленные в виде комплекта технологических карт (*атласа технологических карт* (АТК) по конкретным циклам УМК (учебным темам), выступают как тактические средства управления познавательной деятельностью учащихся [11]. Используемая в работе *карта-проект* на учебный курс по предмету выступает как стратегическое средство управления учебным процессом на уровне класса (учебной группы) в течение учебного года.

ПРОЕКТИРОВАНИЕ СОВМЕСТНОЙ УЧЕБНОЙ ДЕЯТЕЛЬНОСТИ УЧИТЕЛЯ И УЧЕНИКА
изучение учебного цикла: *"Where are You From" (Откуда Вы?)*
ТЕХНОЛОГИЧЕСКАЯ КАРТА
(составлена в соответствии с педагогической технологией организации учебного процесса В.М. Монахова)

Приложение 2
УМК English- 5
Unit 1. В.П. Кузовлев
Учитель. Титова Н.С.

логическая структура	○○○○○○○○	⬡⬡⬡⬡⬡	○○○○○○	◇◇	◇◇	24 урока	
	Целеполагание		Дата	Диагностика		Дата	коррекция
B1	Усвоить английские звуки и буквы.		Сентябрь, октябрь	СР₁: Тест по усмотрению учителя: 50-60% звуков и букв, оценка – 3		14.10, 30.10	Возможные затруднения - написание звуков и букв. Приложение 1

КАРТА – ПРОЕКТ
на учебный курс по английскому языку для 5 класса

учебный период	учебные темы	микроцели учебной темы
I четверть 01.09.- 30.10. 24ч. резерв 3ч.	Технологическая карта №1 Тема: "Откуда Вы?"	В1: Знать английские звуки и буквы. **Sounds and Letters** В2: Уметь высказываться по речевому образцу. **Speaking** В3: Уметь читать по транскрипции на уровне слова, синтагмы, простого предложения. **Reading** В4: Составить меню из любимых блюд для зарубежного гостя. **Writing Practice** В5: Понимать различные сочетания слов на слух. **Listening**
II четверть 11.11.- 30.12. 16ч. резерв 4ч.	Технологическая карта №2 "Что Вы имеете?"	В1: Уметь работать со словарём, аббревиатурами, лингвострановедческим справочником. В2: Применять грамматический материал в различных ситуациях и учиться проводить самооценку своих знаний в соответствии с критериями установленными авторами УМК. **Grammar** В3: Создать письмо о себе и своей семье для друга по переписке (по образцу). **Writing Practice** В4: Уметь рассказать о своей семье с опорой на образец текста "I've got a nice family". **Speaking**
III четверть 11.01.- 25.03. 24ч. резерв 7ч.	Технологическая карта №3 "Что Вы умеете делать?"	В1: Уметь применять новые грамматические явления в рамках изучаемого цикла школьной программы. **Grammar** В2: Знать «секреты» гласных и уметь различать их в словах. **Secrets of Reading** В3: Уметь вести диалог. **Speaking** В4: Знать новые лексические единицы (ЛЕ) цикла. **Vocabulary** В5: Уметь оформлять страницы альбома "All About Me" («Всё обо мне»). **Writing Practice**
IV четверть 01.04.- 27.05. 18ч. резерв 6ч.	Технологическая карта №4 "Что Вы любите делать?"	В1: Уметь определять видовременные формы глагола (простое – настоящее, простое – прошедшее, будущее - простое время (Present / Past / Future Simple). **Grammar** В2: Уметь рассказывать, как учащиеся проводят время в обычные дни, в праздники или на каникулах дома (о реалиях повседневной жизни). **Speaking** В3: Распознавать и понимать простейшие сообщения о событиях, которые происходили, происходят или будут происходить в семье или школе при чтении аутентичных текстов с помощью перевода. **Reading** В4: Развивать умения вести записи о том, как семья проводит, проводила, или будет проводить время в праздники или на каникулах. **Writing Practice** В5: Уметь понимать иноязычную речь на слух. **Listening**

Распределение часов условно и связано с концентрическим изучением тематики и может варьироваться в ходе изучения учебного (цикла) курса.

Атлас технологических карт изменяет и сокращает структуру и структурные элементы существующей рабочей программы. Взаимодействие педагога с учащимися происходит наглядно, открыто, доступно и личностно-ориентированно.

Учебная деятельность учителя и ученика, осуществляемая по определённому алгоритму действий учителя, приобретает логическую последовательность и закономерность [9].Работая системно, педагог,формирует свои рефлексивные способности, творчество, профессиональную компетентность. Он постепенно становится менеджером обучения, воспитания и развития [12].

Потребность в разработке модифицированной рабочей программывозникла в результате: 1) введения государственного стандарта общего образования; 2) многолетней работы с новыми информативными УМК и применения научно обоснованной педагогической технологии В.М. Монахова, в которой предусмотрена «пригонка» проекта под особенности данного класса и данного учителя, «методическое обогащение», реализация, оценивание и постепенное приближение к дидактическому идеалу; 3) формирования новых подходов при конструировании (проектировании) и реализации учебных программ (системного, комплексного, дифференцированного, технологического и др.) [1].

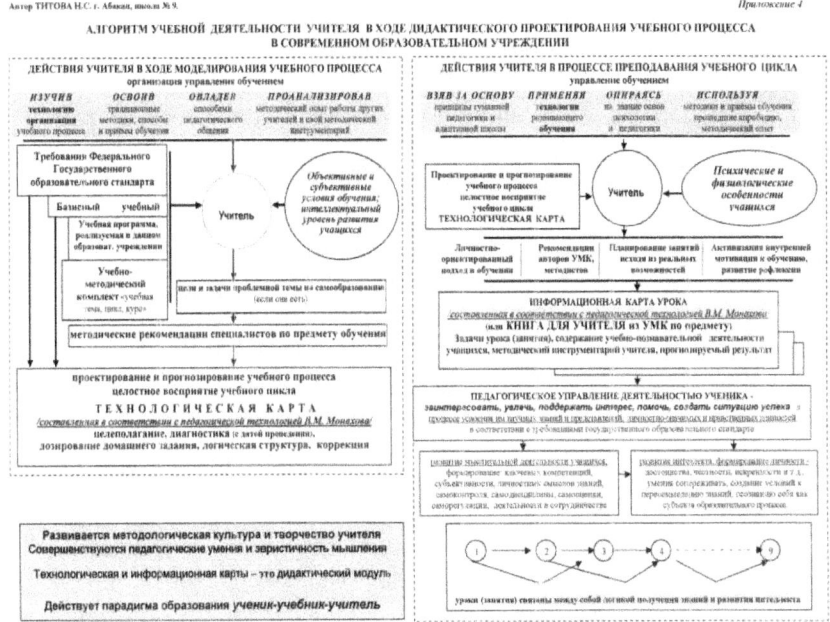

Отличие авторской инновационной разработки рабочей программы от рабочих программ других учителей заключается в том, что весь учебный курс по предмету переведён на язык целеполагания в виде *карты-проекта*. Разработка учителем каждого дидактического модуля или *технологической карты*(ТК), как проекта будущего учебного процесса в данном классе (учебной группе или параллели классов) – приводит все компоненты деятельности современного учителя в единую систему[10].

Особенности инновационной программы: создаётся адаптивное поле для деятельности учащихся за счёт тщательного отбора учителем учебной информации, что обеспечивает усвоение учебного материала, с правом выбора оценки самим учащимся, не ниже требований образовательного стандарта; применение программированного подхода в обучении гарантирует усвоение учебного материала каждым учащимся в объёме, предусмотренным ФГОС.

Оригинальность: педагогическая технология В.М. Монахова, применяемая в учебной деятельности и в разработке рабочей программы, универсальна и пригодна для любого предмета обучения, для любого учителя, любого класса. Данная педагогическая технология – это некая технологическая оболочка, в рамках которой учитель максимально проявляет своё мастерство с высоким коэффициентом полезного действия.

Достижение желаемых результатов осуществляется за счёт:
– системной работы;
– отбора и структурирования содержания образовательной программы;
– выведения ученика на путь ответственного отношения к саморазвитию;
– дифференциации домашнего задания, наглядно отображённой в ТК;
– создания предпосылок к адекватным действиям учащегося, предпринимаемым им, для получения более высокой оценки при выполнении упражнений, указанных в ТК (в разделах: «хорошо» и «отлично»).

В результате применения предлагаемой рабочей программы **будут достигнуты новые результаты** личностного развития и учителя, и ученика. При *их совместной заинтересованности в системно-деятельностном подходе* к организации обучения формируются и педагог, и гражданин (в лице учащегося!), способные осуществлять совместную учебную деятельность и реализовывать запланированные цели. Учащийся из объекта превращается в субъект образовательного процесса, который осознанно и самостоятельно осваивает образовательную программу, продвигаясь по своей индивидуальной траектории развития.У обучаемых формируются универсальные учебные действия, вырабатываются ключевые компетенции, личностные смыслы знаний, получают развитие «само» - самостоятельность, самодисциплина, самооценка, самоконтроль, самообучение, саморазвитие, самореализация и т. д.

Доступность обучения с применением рабочей программы, составленной в соответствии с концепцией В.М. Монахова, достигается целостным представлением учебного материала по циклам (темам) в ТК,которая представляет информационную модель учебного процесса. <u>ТК доводится до учащихся</u> и служит им опорой в процессе обучения.

Авторская педагогическая разработка рабочей программы нацелена на реализацию личностно-ориентированного, коммуникативно-когнитивного, социокультурного, деятельностного подхода к обучению.

Полагаю, что при новой организации деятельности учителя не потребуется «переписывать» Примерную учебную программу, рекомендации методических советов ОУ, управлений образования и авторов УМК, а также требования нормативно-правовых документов и т.д. в текст рабочей программы.

Литература

1. Артюхов М. В. Диагностика. Целеполагание. Дозирование домашних заданий. Методические пособия по педагогической технологии В.М. Монахова / М. В. Артюхов, Г. А. Вержитский [и др.]. – Новокузнецк: Издательство ИПК, 1998–2000.

2. Бахусова Е. В. Технология проектирования учебного процесса: подготовительный и проектировочный этапы / Е. В. Бахусова // Проблемы современного образования. – 2011. – № 2. – С. 111–122.

3. Иностранный язык. Федеральный компонент государственного стандарта общего образования. Федеральный базисный учебный план: сб. нормативных документов / сост. Э. Д. Днепров, А. Г. Аркадьев. – М.: Дрофа, 2009.

4 Кузовлев В. П. Английский язык. 5 класс: учебно-методический комплект / В. П. Кузовлев. – М.: Просвещение, 2008.

5. Монахов В. М. Изучаем технологию В.М. Монахова за семь дней / В. М. Монахов, Е. В. Никулина. – Новокузнецк: Изд-во ИПК, 2000.

6. Никишина И. В. Инновационная деятельность современного педагога в системе общешкольной методической работы / И. В. Никишина. – Волгоград: Учитель, 2007

7. Пассов Е. И. Программа-концепция коммуникативного иноязычного образования: Концепция развития индивидуальности в диалоге культур / Е. И. Пассов. – М.: Просвещение, 2000.

8. Педагогическая технология академика В.М. Монахова. Методология. Внедрение. Развитие: Материалы региональной научно-практической конференции / Г. А. Вержитский [и др.]. – Новокузнецк: Изд-во ИПК, 1997.

9. Титова Н. С. Образование — это процесс длиною в жизнь / Н. С. Титова, Е. И. Пассов // Коммуникативная методика. – 2005. – № 4 (22). 10.

10. Титова Н. С. Освоение педагогической технологии В.М. Монахова — путь к новой гуманной школе. Авторская методика обучения иностранному языку (английскому) с применением педагогической технологии В.М. Монахова / Н. С. Титова // Завуч. – 2005. – № 1. – С. 73–82. 11.

11. Титова Н. С. Программирование процесса обучения — это современный подход к организации взаимодействия субъектов образовательного процесса и управлению учебной деятельностью учителя и учащихся / Н. С. Титова // Образование в современной школе. – 2007. – № 7. – С. 6–15.

12. Титова Н. С. Современный учитель – это менеджер познавательной деятельности учащихся // Образование в современной школе. – 2009. – № 11. – С. 3–10. 13.

13. Уткина И. Ю. Как разработать инновационную учебную программу и провести её оценку / И. Ю. Уткина // Школьное планирование. – 2006. – № 5. – С. 62–64.

СТЕНДОВЫЙ ЛАБОРАТОРНЫЙ КОМПЛЕКС ДЛЯ ИССЛЕДОВАТЕЛЬСКОЙ РАБОТЫ СТУДЕНТОВ СРЕДНИХ СПЕЦИАЛЬНЫХ УЧЕБНЫХ ЗАВЕДЕНИЙ
Д. А. Чемезов[1], Ю. В. Степанова[2]

[1]*Владимирский химико-механический колледж, г. Владимир, Россия, chemezov-da@yandex.ru*

[2]*Владимирский индустриальный техникум, г. Владимир, Россия*

Конкурентоспособность будущего специалиста на рынке труда зависит от уровня умений и знаний, приобретенных в профильных учебных заведениях. Одним из эффективных методов обучения студентов является закрепление теоретического материала при выполнении лабораторных и практических работ на реальном оборудовании или тренажерах (стендах, макетах), имитирующих реальное оборудование. Заводы изготовители предлагают широкий ассортимент учебно-лабораторного оборудования: от простейших приборов для проработки конкретной темы занятия до многофункционального комплекса в состав которого входят современное учебное оборудование, персональные компьютеры с установленным на них лицензионным программным обеспечением для сбора и последующей обработки экспериментальных данных, дополнительные компоненты и др. В статье представлены методические рекомендации по проведению студентами исследований (экспериментов) различной сложности в рамках учебного занятия на стендовом лабораторном комплексе «Электротехника и основы электроники» ЭОЭ4-С-Р.

Лабораторное оборудование выпускается инженерно-производственным центром «Учебная техника» (г. Челябинск, Россия). В состав учебной лаборатории (стенды) входят следующие компоненты: блок генераторов напряжений с наборным полем; набор миниблоков (одноэлементные – конденсаторы, потенциометр, транзисторы и др. и сложные – усилительный каскад с общим эмиттером, стабилизатор напряжения, трансформатор, интегратор и др.); блок мультиметров; контрольно-измерительные приборы; цифровой USB осциллограф модели DSO – 2090 и персональный компьютер (ноутбук). Технические характеристики компонентов аппаратной части стендов приведены в сборниках руководств по эксплуатации лабораторного оборудования.

Лабораторные работы выполнялись студентами по следующему принципу:

а) постановка (теоретическая формулировка) решаемой задачи для нахождения неизвестных величин электрических параметров в соответствии с возможностями лабораторного оборудования;

б) вычерчивание собираемой электрической схемы (с нанесением на нее условных обозначений всех элементов) и согласование с преподавателем (ассистентом) о начале проведения эксперимента;

в) выбор стандартных компонентов аппаратной части (блоков) и установка их в настольную раму с контейнером;

г) сборка электрической цепи на стенде при помощи соединительных проводов;

д) подключение электрической цепи и регистрация величин электрических параметров на различных режимах при помощи амперметров, вольтметров, ваттметров и др. измерительных приборов;

е) обработка полученных данных (математическая, статистическая и др.) после измерения и занесение результатов проведенного эксперимента в протокол.

Для проведения более сложных и объемных экспериментов руководствуются следующими действиями:

а) калибровка и подключение щупов осциллографа к электрической цепи (должны быть отключены источники питания всех блоков);

б) включение питания цепи, выполнение необходимых автоматических измерений с помощью осциллографа (размах напряжения сигнала; минимальное, среднее и максимальное напряжение сигнала; среднеквадратичное напряжение сигнала; амплитуда напряжения сигнала; напряжение логической единицы на выходе триггера; выброс фронта сигнала, вычисляемого как относительное превышение максимального пика над верхним уровнем; выброс спада сигнала, вычисляемого как относительное превышение минимального пика под нижним уровнем; среднее значение и среднеквадратичная величина цикла; период, частота и ширина положительного импульса; ширина отрицательного импульса; время нарастания и спада 10% ~ 90%; рабочий цикл) и сохранение результатов (сигналы/осциллограммы) в виде текстовых и графических форматах (text file, jpg/bmp file, word file, excel file) на персональном компьютере.

Портативный цифровой осциллограф является приставкой к персональному компьютеру. После установки и запуска программного обеспечения на компьютере, загружается скринсет диалогового окна состоящее из меню, панели инструментов, экранной информации и строки состояния.

Для проведения вычислений необходимо предварительно произвести настройку диалогового окна: создание горизонтальной и вертикальной шкал при нажатии кнопки «AUTOSET»; слияние точек в линию при нажатии пиктограммы «Соединения линейных элементов»; создание эффекта инерционности для более четкого отображения формы волны сигнала; изменение интенсивности формы волны сигнала при перетаскивании ползунка в меню диалогового окна. Настройка (изменение) горизонтальной (time/div) / вертикальной (volt/div) шкал осуществляется заданием соответствующего значения параметров в окнах (выделяются цветом: для первого канала – зеленый, для второго – желтый) панели «Изменения шкалы времени и напряжения» соответственно. Например, на шкале напряжения значения изменяются в диапазоне от 10 mV до 5 V. Возможно измерение отклонений напряжения и времени на осциллограммах (на одном или двух каналах) в любой точке измеряемого сигнала и отображение в «Строке состояния» диалогового окна результатов (разница напряжения V_{P-P} и времени T). Переключение на требуемый режим работы электрической цепи производится при выборе соответствующих обозначений AC (постоянный ток), DC (переменный ток) или GND (заземление) расположенных на панели управления Easy Control.

Встроенная функция FFT (быстрое преобразование Фурье) определяет частотную составляющую текущей осциллограммы. При вызове данной функции загружается FFT-диалоговое окно, в котором производится анализ составляющей напряжения (в вольтах), и его значения в виде логарифмической шкалы (при других подсчетах значения отображаются как корень из квадрата среднего). В окне отображаются: ось абсцисс X – частота; ось ординат Y – амплитуда частот. Слева от окна располагается меню настроек (выбор источников входящих данных для анализа, типа и размера цифрового фильтра, линейного или логарифмического типа шкалы по оси ординат, горизонтальной и вертикальной шкал). Внизу FFT-диалогового окна представлены данные о гармонике и других измерениях FFT (информационное окно): SNR (Signal to Noise Ratio) – отношение амплитуды основной частоты к помехам; ENOB (Effective Number of Bits) – количество битов в идеальном конвертере, которое потребуется для задания такого же значения SNR; SINAD (Signal to Noise and Distortion) – отношение амплитуды основной частоты к шуму, включающему гармонику; THD (Total Harmonic Distortion) – отношение суммарного среднеквадратического значения гармоники к суммарному среднеквадратическому значению основной частоты; SFDR (Spurious Free Dynamic Range) – отношение среднеквадратического сигнала амплитуд к среднеквадратическому значению максимума паразитной составляющей спектра; Total Power – среднеквадратическое значение суммы всех спектральных компонентов.

Предусмотрено выполнение простейших математических операций над осциллограммами (в математическом режиме окно информации выделяется красным цветом).

Проведение эксперимента – задача неординарная. Для проведения экспериментальных исследований необходимо иметь теоретические и практические знания в различных направлениях науки. Эффективность проведения занятий достигается путем анализа и последующих рекомендаций, менее рассмотренных вопросов использования лаборатории «Электротехника и основы электроники» при выполнении студентами базовых учебных экспериментов.

SECTION 10.
Cultural Studies (Культурология)

ПЕРСПЕКТИВЫ СТАНОВЛЕНИЯ СОВРЕМЕННОГО АРКТИЧЕСКОГО БРЕНДА МУРМАНСКА НА ПРИМЕРЕ АТОМНОГО ЛЕДОКОЛА «ЛЕНИН»

Константин Викторович Демаков

Государственное образовательное учреждение высшего профессионального образования «Мурманский государственный гуманитарный университет», факультет филологии, журналистики
и межкультурных коммуникаций, г. Мурманск, Россия
Que.es.el.nombre.recuerda@gmail.com

Как всем нам известно, современное общество в значительной степени ориентируется и разделяет ценности общества потребления. И ни для кого не секрет, что законы этого потребления затрагивают практически все сферы человеческой жизни. Потребители — мы с вами — окружены всевозможными дружелюбными вывесками, билбордами, рекламами, запоминающимися слоганами и красочными баннерами и афишами. Информационное поле, формируемое вокруг человека в подобных условиях, постоянно пытается его ориентировать, вести в определенное русло, проецировать его выбор и знать его заранее. И в этом тонком непростом деле одну из ведущих ролей играют бренды. Слово «бренд» пришло в современный деловой лексикон из древненорвежского языка. В нём оно было глаголом и имело значение «выжигать». Позднее брендом стали называть клеймо, которым метили коров и лошадей, чтобы обозначить их владельцев и тем самым обезопасить скот от воров. Теперь бренд используется для защиты производителей товаров от подделок их продукции.

Бренд — это не логотип, не продукт, не фирменный стиль и не торговая марка (скорее, это его составляющие), а нечто большее. Это набор уникальных, сильных и позитивных ассоциаций, которые возникают в сознании потребителей, добавляя ценность товару или услуге. Но бренд не просто наше отношение к тому, что мы потребляем, — это наше понимание выгод от потребления конкретного продукта и желание их получить [1]. Равно как и феномен потребления, само понятие бренда существует практически во всех областях человеческой деятельности, в том числе и в культуре.

В культуре бренд выступает как базовый ресурс модификации человеческого типа в системе социально-культурных коммуникаций, целенаправленно созданный виртуально-информационный объект, фиксирующий сущностные признаки и свойства субъекта коммуникации (фирмы, личности, города, страны). Бренд содержит значительное культурно-символическое содержание, которое выражается в подтексте и контексте смыслов, и в этой связи становится огромным нематериальным активом его носителя[2]. И действительно, в культурной политике того или иного города, региона и даже страны все чаще можно наблюдать стремление к созданию своего уникального бренда. Подобные имиджевые проекты чаще всего преследуют своей целью добиться повышения инвестиционной привлекательности региона, туристической активности и проч. Однако нам интересно будет рассмотреть влияние бренда еще и в несколько ином контексте. Но пока не будем забегать вперед и лучше спросим себя: а есть ли у Мурманска на сегодняшний день какой-либо отличительный знак, то или иное уникальное преимущество или особенность, которая была бы способна привлечь к себе активное внимание, которая позволила бы выделить наш город из абстрактного культурного, территориального и экономического пространства?

Безусловно, наш город обладает массой уникальных и неповторимых черт и особенностей, будь то самый большой в мире город за полярным кругом, где полярный день сменяет полярную ночь, а солнце не заходит за горизонт круглыми сутками. Или, например, наш незамерзающий порт (пункт приписки единственного в мире атомного ледокольного флота), от которого берет свое начало Северный морской путь, или великолепное полярное сияние, или, скажем, таинственные сейды. Все это будоражит интерес и внимание, но к сожалению, пока нельзя сказать ни об одном из этих явлений, как о существенной предпосылке к созданию своего регионального бренда. Или же предпосылки все таки есть.

Ни для кого не секрет, что первый в мире атомный ледокол «Ленин» уже сам по себе является совершенно уникальным объектом арктического культурного наследия и символом присутствия России в Арктике. «Ленин» стал своего рода визитной карточкой Мурманской области и начинает играть всё более заметную роль в культурной жизни города. Это подтверждается и все возрастающей популярностью среди посетителей арктического выставочного центра «Атомный ледокол Ленин» и уже проявившейся тенденцией проведения на борту ледокола разного рода конференций, семинаров, форумов, в том числе и международного уровня.

Но достаточно ли этого для того, чтобы утверждать о зарождении нового и мощного культурно-исторического бренда? Пока нельзя говорить об этом с уверенностью. Ведь, как мы уже говорили выше, для зарождения бренда мало одной лишь качественной стороны того или иного культурно-исторического феномена, важно создание информационного поля вокруг самого объекта и приложение соответствующих усилий в области культурной политики региона, которые были бы направлены на создание новых ассоциативных и имиджевых связей в сознании широкой общественности. Но, к сожалению, подобная деятельность, в рассматриваемой нами сфере, фактически отсутствует. Скорее можно говорить лишь об усилии отдельных людей, профессионально занятых в этой области. Однако, как мы уже говорили, арктический выставочный центр «Атомный ледокол Ленин» все равно пользуется значительной популярностью как среди туристов, так и среди местных жителей. На наш взгляд, это показательный пример как культура приходит на смену промышленной и экономической деятельности и дает вторую жизнь исторически значимым объектам. Теперь помимо всех мероприятий на ледокол ходят ученики школ, кадеты морских классов - будущие моряки, что является наглядным примером того, как культура не просто сохраняет определенные культурно-исторические ценности, но и объективно способствует возрождению первостепенной деятельности, – в рассматриваемом нами случае – северного мореходства, – дает толчок для развития самой смыслообразующей сферы деятельности для всего Мурманска. И в этом отношении его влияние на социокультурное пространство города настолько значительно, что это позволяет нам утверждать, пусть и не о свершившемся факте появления нового арктического бренда в лице атомного ледокола «Ленин», но о совершенно определенном и стремительном зарождении такового.

Литература
1. Афонин И. В. Территория и планирование «Брендинг - это не нейминг» [Электронный ресурс]. – режим доступа: http://terraplan.ru/arhiv/76-2-38-2012/1101-brending-eto-nenejming.html
2. Череднякова А.Б., Скнарев Д.С. Бренд как социально-культурное явление [Электронный ресурс]. – режим доступа:// http://www.rusnauka.com/9_NND_2012/Economics/6_105208.doc.htm

CreateSpace
4900 LaCross Road,
North Charleston, SC, USA 29406
2014

www.ingramcontent.com/pod-product-compliance
Lightning Source LLC
Chambersburg PA
CBHW051810170526
45167CB00005B/1955